International Biobusiness Studies

バイオビジネス・20

環境激変下を創意工夫で生き抜く経営者

東京農大型バイオビジネス・ケース（NBC）

東京農業大学
国際バイオビジネス学科

【編著】土田志郎・今井麻子

はしがき

［環境激変下を創意工夫で生き抜く経営者］

－東京農大型ケース・メソッド第20弾－

　東京農業大学・国際食料情報学部・国際バイオビジネス学科が編纂する『バイオビジネス』シリーズは、2002年に第1号が出版されてから、これまでに合わせて19冊が刊行されています。第20号となる今回は、「東京農大経営者フォーラム2021」において「東京農大経営者大賞」を受賞された4名のうちの3名の経営者の経営実践内容について取り上げています。

　東京農大経営者フォーラムでは、東京農業大学各学部（旧短期大学部を含む）の卒業生の中から、農林業をはじめ、造園業、醸造業、食品加工業、流通業、環境産業などの「農」を取り巻く諸産業において、第一線で活躍され優れた業績をあげられた経営者に、毎年「東京農大経営者大賞」「東京農大経営者賞」「東京農大経営特別賞」を授与しています。授賞の審査にあたっては、毎回10名前後からなる学内外の審査員が、①企業家精神、②経営の安定性、③先進性、④社会性、⑤将来性・発展性の5つの評価項目を中心に、厳正な書類審査および現地調査を実施し、受賞者を決定しています。

　第20号の各章において紹介する経営者および経営の特徴は次のとおりです。

　第1章で取り上げた株式会社あらい農産・会長の新井健一氏は、埼玉県行田市で水田作経営を行っています。父親から経営継承した2.5haの農業経営を大きく発展させ、現在、水稲44ha、飼料用稲藁ロール約1800個の生産・販売を行うとともに、生産した食用米の全量を今摺り米として直接販売してビジネスサイズの拡大を図る一方、最先端の農業技術を有効活用して米の省力・安定生産に努めています。

　第2章で取り上げた丸藤葡萄酒工業株式会社・代表取締役の大村春夫氏は、山梨県甲州市で老舗のワイナリーを経営しています。甲州種を中心としたシュールリーの製品化によって本格辛口ワインの導入と普及に貢献するとともに、野生酵母仕込みやオレンジワインの製造を行ったり地元山梨のGI（地理的表示）活動に取り組んだりするなど、積極的かつ安定的な経営を展開しています。

　第3章で取り上げた株式会社サザコーヒー・代表取締役社長の鈴木太郎氏は、茨城県ひたちなか市を拠点に、コーヒーの製造・販売を行っています。高級品種コーヒー豆の調達や、コンピュータ管理による再現性の高い焙煎加工技術の導入、焙煎後のコーヒー豆の鮮度低下防止技術にかかわる研究・開発への取り組み、コーヒー豆の品評会審査やコーヒー豆の買い付け業務を通じた国際的な人脈の形成などを通じて、他のコーヒー製造・販売企業とは異なる独自の事業展開を図っています。

　このように、いずれの経営者の皆様も、経営を取り巻く外部環境が大きく変化する中にあって、それぞれの業界において注目すべき経営成果を上げられるとともに、各業界の発展に貢献されています。

　本書では、これら各氏の業績に焦点を当て、経営の展開過程、現在の経営状況と今後の経営課題など、経営実践全般について整理・分析しています。また、各章末には「東京農大経営者フォーラム」での講演要旨、紹介事例に関わる演習課題・参考情報も併せて掲載するなど、読者が各事例をケース・メソッドの素材として有効活用できるように工夫しています。このため、国際バイオビジネス学科では、「バイオビジネス経営実践論」、「バイオビジネス経営学演習」等の授業において、本書を含むこれまでの『バイオビジネス』シリーズを副読本として積極的に利用しています。

　最後になりましたが、本書のケース紹介のために、ご多忙中にもかかわらず貴重なデータや情報を快くご提供してくださった新井健一氏、大村春夫氏、鈴木太郎氏には、改めて心より感謝申し上げます。

　なお、『バイオビジネス』シリーズにつきましては、現在の国際バイオビジネス学科が 2023 年 4 月より、「アグリビジネス学科」に名称変更する関係で、今回刊行する第 20 号が最終号となります。2023 年度以降は、新たに『アグリビジネス』シリーズの名称にて、東京農大経営者大賞受賞者の方々の経営実践内容を引き続き紹介してまいります。読者の皆様には、『アグリビジネス』シリーズをケース・メソッド用のテキストとして今後もご愛読・ご活用していただきますとともに、新シリーズの刊行に、ご理解とご協力を賜りますよう、心よりお願い申し上げます。

2023 年 3 月 6 日

編集代表：土田志郎・今井麻子

2021年度東京農大経営者フォーラム参加者

2021年度東京農大経営者大賞・経営者賞受賞者

**講演をする株式会社あらい農産
新井健一氏**

**講演をする丸藤葡萄酒工業株式会社
大村春夫氏**

**講演をする株式会社サザコーヒー
鈴木太郎氏**

目　次

バイオビジネス・２０

環境激変下を創意工夫で生き抜く経営者

－東京農大型ケース・メソッド第 20 弾－

目 次 —————————————————————————————————

［第3章］

世界とつながり香り高いコーヒー文化を創造する
— 茨城県ひたちなか市・サザコーヒーの展開 —

目 次 ————————————————————————

第 1 章

新しいコメ販売の姿を模索する関東の稲作経営
－株式会社あらい農産の販売戦略－

半杭真一

1．はじめに

コメ[1]は我が国の食生活において重要な位置を占めている。しかし、そのコメの消費形態も、食生活が変化するなかで大きくその姿を変えている。生産に目を向ければ、最重要品目であるが故に様々な政策や制度のもと、我が国の農業の姿を形作ってきた品目と言えるだろう。

ここでは、関東の水田作経営を取り上げる。必ずしもコメ産地として知られているわけではないが、消費地に近いという土地柄を活かし、どのような経営を展開しているのか、外部環境にどのように経営をフィットさせていくのかという視点で捉えてみたい。

2．食生活におけるコメ

1）コメはどう食べられているか

コメはわが国において最も重要な食材の一つである。主食として位置づけられ、一日当たりの摂取量も、総量 1,979.9 g に対して 297.0 g と最も多い[注1]。一方、この主食という概念は食習慣や歴史的にも共通のものではなく、WTO 農業交渉の場で日本代表がコメの主食としての重要性・特殊性を力説しても理解されなかった、という話もある。

宮沢賢治の『雨ニモマケズ』[注2]には「一日ニ玄米四合ト／味噌ト少シノ野菜ヲタベ」という一節がある。賢治は質素な暮らしにおける食事として書いているが、玄米 4 合（約600 g）というと、賢治の生きた時代は、戦後のピークである 1962 年でも 324 g、2020年には 139 g という現代の摂取量よりはるかに多いコメを食べていたことがわかるだろう（**図1－1**）。

こうした、コメを主食として昭和 50 年代に成立したのが「日本型食生活」である。コメを主食としながら、主菜・副菜に加え、適度に牛乳・乳製品や果物が加わった、バランスのとれた食事であり、我が国が世界有数の長寿国である理由は、こうした優れた食事内容にあると国際的にも評価されてきた。しかし、我が国のエネルギー産生栄養素バランス（PFC バランス）[注3]は、炭水化物比率の低下とタンパク質および脂質の比率の上昇によって、近いうちに適正な比率から外れてしまうことが懸念されている。

図1－2に、1965 年以降の我が国のエネルギー産生栄養素バランスを示した。厚生労働省『日本人の食事摂取基準（2020 年版）』によれば、たんぱく質、脂質、炭水化物（アルコールを含む）とそれらの構成成分が総エネルギー摂取量に占めるべき割合はそれぞれ、13 〜 20 %、20 〜 30 %、50 〜 65 %（1 歳から 49 歳の男女）とされているが、2020年の脂質は 32.5 % と既に適正な比率を外れており、日本型食生活により日本人が健康であるという認識に疑問を投げかけるものといえよう。

1）：イネ (Oryza sativa) はカヤツリグサ目イネ科イネ属の草であり、種実は広く世界的に重要な穀物として食され、この種実をコメと呼んでいる。我が国では耐冷性の高いジャポニカ種が作付けされ、食生活において主食と位置付けられている。

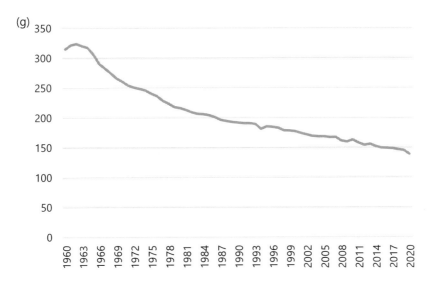

図1－1　1人一日当たりのコメ供給量の推移

出典：農林水産省『食料需給表』

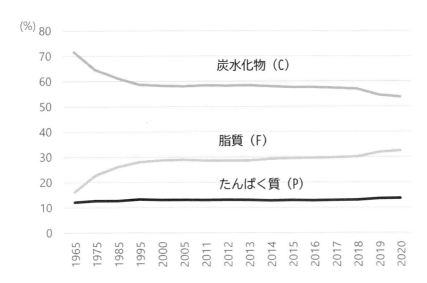

図1－2　我が国のエネルギー産生栄養素バランスの推移

出典：農林水産省『食料需給表』

2）戦後のコメの流通をめぐる制度の変遷

　ここでは、戦後の復興から**高度経済成長**[2]を背景としたコメをめぐる制度を概観する。

　戦時下での食料増産を目的とした1942年の食糧管理法（食管法）によって、コメは政府の統制下におかれた。戦後の復興から経済成長の過程で、**農業基本法**[3]が制定されたの

2）：1955年頃から1973年頃の実質経済成長率が年平均で10％前後を記録した期間のこと。
3）：「農業界の憲法」という別名をもつ。農業生産性の引き上げと農家所得の増大による農工間の所得格差の是正が最大の目的であった。1999年、食料・農業・農村基本法の施行によって廃止された。

は1961年であるが、これは国民所得倍増計画が閣議決定された翌年にあたる。国民の生活が豊かになるに従って食生活が成熟していくなか、食管法は生産者保護の側面が強まっていく。1960年から都市労働者の賃金で農家の労働時間を評価する生産者米価が採られていたが、経済成長に伴い都市労働者の賃金が急上昇したことから、生産者米価も上昇していた。生産現場でも、高収量品種の導入や栽培技術の進歩、圃場整備の拡大と機械化の進展等を背景として、1967年から1969年の3年連続の大豊作を契機に、コメは過剰基調に転換した。こうした、社会、経済、技術の変化に対応して、1969年には政府が管理しない自主流通米、1972年には米の小売価格の自由化と、制度もまた変化していった。コメ以外についても、農業基本法には生産政策として、果樹や畜産などの成長部門の選択的拡大も謳われており、食料需要の変化に対応して生産構造も変化していった。

　1994年に食管法を廃止して代わって成立した、主要食糧の需給及び価格の安定に関する法律（食糧法）によりコメは政府の管理から転じた。価格と取引を自由化するこの法律によって、コメ流通を国が全量管理する時代は終わり、国の役割は、不作に備えた備蓄と流通の安定化のための需要と供給の大枠の計画を作ることとなった。食糧法は、2002年の米政策改革大綱の決定を踏まえて2003年に大幅な改正が行われ、計画流通制度が廃止されて、コメの流通の自由化はほぼ達成されたのである。

　この間に起きたのが1994年の大冷害がもたらした「平成の米騒動」である。作況指数が74と平年比26％の減収に対して備蓄量ではとても補うことはできず、店頭からコメが消える事態にまで発展し、米屋の前に行列が続く社会現象となったのである。政府は250トンのコメを輸入したものの、タイ政府が備蓄を供出したコメはインディカ種であり、日本人の味覚にはなじまないものだった。2倍近い価格になった国産米の代わりにパンなどが買われ、輸入されたコメは売れ残ってしまったのである。食生活が成熟したことで、主食であるコメであっても、他の食品で代替可能であり、多くの食品の一つに過ぎないことを「平成の米騒動」は示したのである。

3）コメは家計でどう買われているか

　ここでは、家計消費において、コメがどのように購入されてきたのか概観する。

　図1－3に、消費支出に占める食料、食料に占める米、食料に占めるパン、食料に占める麺類の割合の推移を示した。

　家計の消費支出に占める食料は一般にエンゲル係数として知られる。経済の成長は生活水準を向上させ、食についても、空腹を満たすために食べる食事から、食事を楽しむ方向へと変化させ、食品に対する支出が相対的に減少していく。2013年を境にエンゲル係数は上昇に転じるが、これは長期化するデフレの下、高齢化世帯の増加やとくに輸入食材の物価上昇の影響を指摘することができよう。

　食料消費に占める米は、1975年まで急な減少を見せる。これは経済が上向きになることによる食料消費の伸びに比べると米の価格の伸びがより穏やかであったためである。

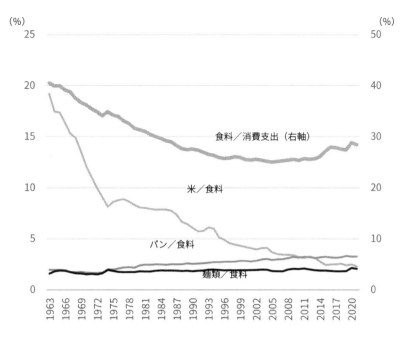

図1-3　消費支出に占める米、パン、麺類の推移

出典：総務省『家計調査』における二人以上の世帯

1975年以降に傾きが比較的小さくなるのは、食料消費の伸び率が小さくなるためである。そうして、傾きの大きさを変化させながら食料消費に占める米の割合は一貫して小さくなっている。米の割合が小さくなるにしたがって、食料消費に占めるパンの割合に近づき、2014年にその割合は逆転する。

　2021年時点の年間の世帯当たり消費支出は、米が21,862円、パンが31,353円、めん類が19,676円という水準であり、家計消費において、米が占める位置は必ずしも高くないことが示唆される。重量当たりの単価を1キロ当たりに換算して求めると、それぞれ、360円、707円、543円であり、米が最も安くなる。また、100世帯あたりの購入頻度は859回、16,106回、8,870回であった。米は5キロや10キロ袋で取引されることが多いと考えられ、1回あたりの購入数量はパンや麺類よりも多いと考えられる。購買頻度が多ければ、その分だけ、買うものに多様性を持たせることができる。そうした「選ぶ楽しみ」が米では比較的多くないということもできるのでないか。各地で新しい品種が育成され、それぞれが良食味を競っているが、購買頻度が小さく販売機会が少ないことは出荷する側としては向かい風と言えるだろう。

4）家計消費以外のコメ消費

　食品の消費は大きく外食、中食、内食に分類することができる。外食は「家庭外で調理された食品を家庭外で食べる食事の形態」、中食は「家庭外で調理された食品を家庭内で食べる食事の形態」、内食は「家庭内で調理された食品を家庭内で食べる食事の形態」を

指す。

　外食産業の市場規模を図1－4に示す。なお、直近のデータはコロナ禍の影響が大きいことに留意されたい。日本標準産業分類に基づく分類では、もっとも市場規模が大きいのが食堂・レストランである。次いで大きい宿泊施設も営業給食と分類されるが、これと別れるのが集団給食である。集団給食のなかでは、社員食堂等の事業所における給食の市場規模は比較的大きく、そば・うどん店や喫茶店と近い市場規模を持っている。それに対して学校給食の規模は大きくない。

　コロナ禍で伸張したと言われるのがデリバリーやテイクアウトを含む中食である。図1－4では料理品小売業が持ち帰り弁当店や惣菜店に相当し、この数字は前年比のマイナスが小さく、外食に比べて好調であることを示す。

　そうした中食市場において、コメはどれだけ扱われているのだろうか。惣菜の市場規模はカテゴリー別に推計されている（表1－1）。惣菜市場のなかでも米飯は大きな割合を占めていることが分かる。

　これまで示してきたように、コメの流通は消費者需要に合わせて多様化してきた。生産・出荷する側から見ると、多様な出荷先があり、価格設定があると言えるだろう。出荷先を多く持つことは経営リスクを分散させることにもつながる。また、商社のような売り先を多く持つ出荷先との取引を通じて新しい品種などの生産への提案もよくみられる。コメを生産・出荷する側にとってはチャレンジングな環境とも言えよう。

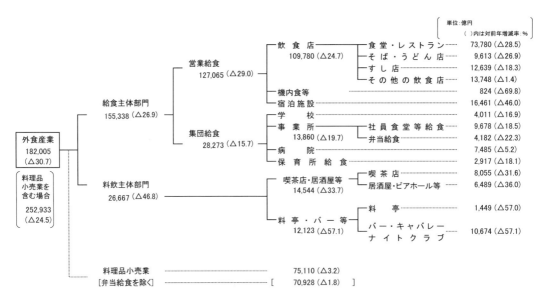

資料：（一社）日本フードサービス協会の推計による。
注　1）市場規模推計値には消費税を含む。
　　2）外食産業の分類は、基本的に「日本標準産業分類（総務省）」（平成14年改訂）に準じている。
　　3）産業分類の関係から、料理品小売業の中には、スーパー、百貨店等のテナントとして入店しているものの売上高は含まれるが、総合スーパー、百貨店が直接販売している売上高は含まれない。
　　4）四捨五入の関係で合計と内訳の計が一致しない場合がある。

図1－4　外食産業の市場規模（2020年）

出典：（一社）日本フードサービス協会「外食産業市場規模推計について」

表1－1　惣菜の市場規模（カテゴリー別，2021年）

カテゴリー	市場規模（10億円）	構成比 (%)
米飯類	4442.9	43.9
調理パン	462.9	4.6
調理麺	797.5	7.9
一般総菜	3528.4	34.9
袋物惣菜	883.2	8.7
合計	10114.9	100

出典：（一社）日本惣菜協会『2022年度版　惣菜白書』

3．株式会社あらい農産の経営環境と経営概要

1）埼玉県における土地利用型経営

（1）気象条件

　土地利用型経営が気象条件に左右されることは言うまでもない。埼玉県の気候の特徴を以下に引用する。

　埼玉県の気候は、太平洋側気候に属します。冬は北西の季節風が強く、晴天の日が多くて空気が乾燥します。夏は日中かなりの高温になり、雷の発生が多く、降ひょうも多いのが特徴です。梅雨と秋霖のころは、曇りや雨の日が多く雨季のごとき現象を呈します。台風は襲来するが、強烈なものは少ないといえるでしょう。さらに、地形、海抜などを考慮すれば、北部をはじめとして大部分は内陸性ですが、南部の平地では沿岸の気象特性が加わり、秩父地方の山地では、盆地型の気候や山岳気候が現われています。

　埼玉県における四季の変化は規則正しく明瞭で、熊谷における年平均気温と年間降水量は15.4℃、1305.8mmと、生活にはおおむね好適といえますが、台風、雷などによる様々な気象災害が毎年起こっています。春先には晩霜、5月～7月には降ひょうに注意が必要です。6月から7月中ごろにかけての梅雨と、9月から10月初めにかけては特に雨が多くなっています。

（出典：熊谷地方気象台「埼玉県の気候の特徴」）

　このうち、稲作経営において特徴的なのが冬期の乾燥である。代表的なコメ産地である新潟を比較対照として、熊谷と新潟の気象台における日照時間と相対湿度の平年値を月別に示したのが**図1－5**である。埼玉県の冬期に日照時間が多いこと、湿度が低いことが明らかである。

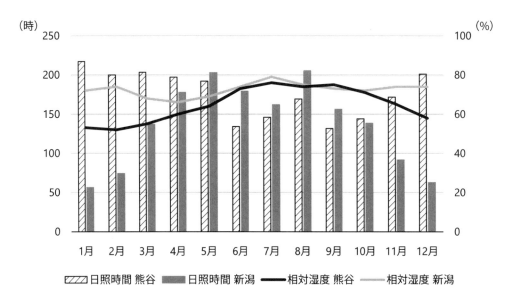

図 1 - 5　熊谷と新潟における日照時間と相対湿度の比較

出典：気象庁ウェブサイト

（2）埼玉県と北埼玉地域の農業

　埼玉県の農業産出額のうち、主な品目の内訳について 2000 年から 2020 年までの値を示した（**図 1 - 6**）。農業算出額は 2,000 億円弱で推移していたが、2018 年から低下傾向であり、2020 年には 1,678 億円である。分類ごとには野菜が 831 億円と最も割合が多く、327 億円の米、245 億円の畜産が続く。**図 1 - 6** には農業産出額の合計に占める米と麦の割合も示した。埼玉県は麦の産地として知られていたが、農業産出額に占める麦の割合は 2000 年代から低下し、2022 年には 1％にも満たない水準となっている。

　事例経営の立地する行田市と加須市、羽生市からなる北埼玉地域についても述べる。北埼玉地域は、埼玉県の北東部、都心から 50 ～ 60km 圏に位置し、北側は利根川と渡良瀬川を境に群馬県、栃木県、茨城県の 3 県に接する標高 16 m 前後の平坦地である。肥沃な土壌と豊かな水に恵まれている北埼玉地域は、水稲の作付面積が 7,550 ha（2021 年産）と県内随一の穀倉地帯であり、「コシヒカリ」や埼玉県が育成した「彩のかがやき」の生産地として知られている。また、麦や野菜（施設栽培のきゅうり、トマト、いちご、なす）、果樹（梨、いちじく）など多彩な農産物が生産されている[注 4]（**表 1 - 2**）。

（3）埼玉県の稲作

　埼玉県の稲作は、4 月に田植えをして 8 月に収穫する県東部地域を中心とする早期栽培から、県北部地域で行われる 7 月初めまで田植えをして 10 月後半に収穫する米麦二毛作など多岐にわたり、それぞれ地域の条件を生かした米づくりが展開されている。県東部地域では早期・早植栽培が行われることから、作付品種は「コシヒカリ」や「彩のかがやき」

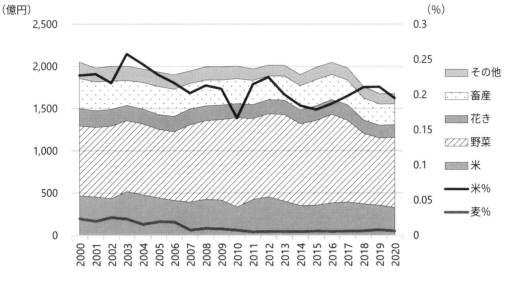

図 1 − 6　埼玉県の農業産出額

出典：農林水産省『生産農業所得統計』

表 1 − 2　北埼玉地域の農業（2021 年）

経営の概況		農業産出額（億円）	
農家戸数（戸）	5,100	全体	226
耕地面積（ha）	11,970	（うち米	87）
（うち田	10,280）	（　野菜	25）
（　畑	1,688）	（　畜産	22）
		（　麦類	3）

出典：埼玉県加須農林振興センター「北埼玉地域の農業」

が中心である。県北部地域では麦の収穫後に田植えを行うため、「彩のきずな」や「彩の
かがやき」の作付が中心となっている。作付面積は、2021 年は約 30,000 ha（全国 18 位）
である。

　埼玉県で育成された品種については、**表 1 − 3** のとおり。

　栽培品種は、「コシヒカリ」のほか、「彩のかがやき」、「彩のきずな」の 3 品種に集約を図っ
ており、2021 年産ではこの 3 品種で全体の約 80％の作付を占める（**図 1 − 7**）。

2）株式会社あらい農産の経営概要
（1）沿革

　株式会社あらい農産（以後、あらい農産と記す）は、埼玉県行田市長野にある稲作経営
である。会社設立から 10 期を経過するのを機に、新井健一氏が会長に退き、長男の喜好

表1－3　埼玉県育成のコメ品種

品種名 （登録年月日）	交配	耐病性
彩のかがやき （2005/02/07）	「愛知92号」に「玉系88号」を交配	「いもち病」、「縞葉枯病」、「ツマグロヨコバイ」への抵抗性
彩のきずな （2014/03/06）	「ゆめまつり」に「埼455」を交配	「いもち病」、「縞葉枯病」、「ツマグロヨコバイ」への抵抗性

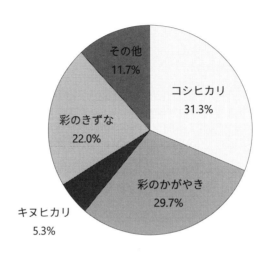

図1－7　埼玉県の水稲の栽培品種

出典：埼玉県ウェブサイト

氏が代表取締役に就く。経営理念は「農業を通じて地域社会に貢献する。／安全でおいしいお米を食卓へ」である。あらい農産の沿革を**表1－4**に示す。

（2）経営面積

　あらい農産の現在の作付面積は44 haである。かつて作付けしていた麦については現在はやめており、水稲のみの経営である。作付けしている品種の内訳は**表1－5**のとおり。

　このほか、稲わらを収集・出荷していることがあらい農産の経営の特徴である。稲わらを収集している面積は60 haであり、稲わらは直径1.25mのロールで1,800個を出荷している。

　あらい農産は、昨今の土地利用型経営としては珍しく、麦や大豆を作らず、水稲のみの経営である。出荷するコメの用途については、一般的な食用米に加えて、**飼料用米**[4]が10 haと加工用米が5 haある。

4）：食べるための「食用米」と異なり、家畜の飼料として利用するコメである。麦、大豆と合わせて戦略作物と位置付けられ、水田活用の直接支払交付金の対象となる。

表1－4　あらい農産の沿革

年　　　月	経営展開上の主な出来事	主要部門の規模
1979 年 4 月	新井健一就農	父から独立
1982 年	フレコン充填機、2t フォークリフト、	水稲 2.5ha　麦 2ha
	普通型コンバイン導入	特別栽培米やパソコンを導入
	ロールベーラー導入、稲わらロール作り開始	大型育苗ハウス建設
2007 年 4 月	農大生協グリーンに白米供給	農大みどりくん米販売
2007 年 4 月	新井喜好（長男）就農	水稲 18ha　麦 8ha
2008 年 4 月	世田谷区立京西小学校給食に白米販売開始	
2009 年 9 月	ライスセンター建設	大型へ設備・機械更新を図る
2011 年 4 月	行田給食センター白米供給	
2012 年 9 月	株式会社あらい農産設立	家計と経営を分離し事業展開を開始
2013 年 9 月	男子 1 名入社	水稲 22ha　麦 7.5ha
2014 年 10 月	精米設備導入、精米所改築	
2014 年 3 月	食味、収量計付きコンバイン導入	認定農業者
2017 年 9 月	ナビゲーション田植え機導入	役員 2 名　社員 1 名
2017 年 9 月	キユーピー株式会社仙川社食白米供給	省力機械の導入を始める
2019 年 7 月	産業用ドローン導入	卵殻米試験開始
2019 年 5 月	レーザーレベラー導入	
2020 年 9 月	女子 1 名入社	畦畔の除去による圃場の大区画化
2021 年 4 月	RTK 基地局、トラクター自動操舵導入	
2021 年 7 月	米倉庫（100 坪天井クレーン付き）建設開始	水稲 40ha　麦 4ha
2021 年 11 月	東京農大経営者大賞受賞	
2022 年 9 月	健一氏が会長、喜好氏が代表取締役に	

（3）労働力

あらい農産の組織を**図1－8**に示す。先述したように、新井健一氏は会長に就き、喜好氏が代表取締役、社員 1 名、という構成であるが、元社員であったパート従業員も経営を支えている。健一氏は代表を退くきっかけとして「会社を作って 10 年目で自分も 65 歳になった。長男も 40

表1－5　あらい農産の品種別作付面積

品種	面積（ha）
コシヒカリ	0.59
彩のきずな	13.4
にじのきらめき	7.5
彩のかがやき	9.9
その他	12.6
合計	44.0

注：「にじのきらめき」は農研機構が育成した高温耐性と収量性に優れた「コシヒカリ」
　　熟期の中生品種である。

歳になるのでちょうどいいかと思って。経営者大賞を頂いたもの 10 期目だったので」と語っている。喜好氏にとってもいいタイミングでの経営移譲であると言えるだろう。

　あらい農産の労働時間は、夏期は 5 時から 12 時までとされている。あらい農産の位置する行田市は、7 月〜 9 月は最高気温が 35 度を超える日が続き、特に外仕事においては、熱中症になりやすいため、こうしたシフトを取り入れている。他にも、朝の打ち合わせは必須とし、各自の作業工程の確認、昼食時や作業終了後の情報交換、また、農閑期は他の場所での講座や現地研修会、資格取得への参加を促すなど、労務・人事管理にも目配りをしている。

　年間の作業スケジュールを表 1 − 6 に示す。冬期の水稲の作業が無くなる時期に稲わらロールの作業が組み入れられることで、季節ごとの作業量を平準化している。

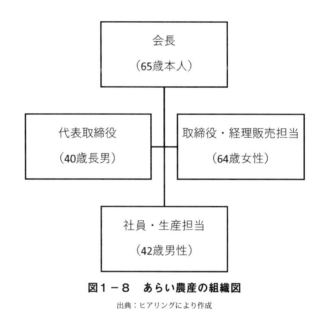

図1−8　あらい農産の組織図

出典：ヒアリングにより作成

表1−6　年間の作業スケジュール

作目	9 月	10 月	11 月	12 月	1 月	2 月	3 月	4 月	5 月	6 月	7 月	8 月
水稲	管理					レベラー		種まき			管理	
	収穫準備					田準備			田植え		追肥	防除
		収穫										
					販売							
稲わらロール			反転									
			集草									
			梱包									
				販売								
機械整備	整備					整備						

写真 1 − 1　新井健一氏近影

（4）機械・設備

　あらい農産の機械・設備を**表 1 − 7**に示す。

　あらい農産の特徴の一つは、RTK 基地局の設置による**スマート農業**[5]への取り組みであ
ろう。RTK（リアルタイムキネマティック）とは、地上に設置した基準局からの位置情報
データによって高い精度の測位を実現する技術である。GPS のみの場合、位置情報データ
の誤差は 2 m 前後であるのに対して、この RTK を組み合わせることで、数 cm 内の誤差
に抑えることが可能になる。こうして得られた高精度の位置情報データを活用して、トラ
クターや田植え機の自動操舵を行うことができる。自動操舵装置の積極的導入により、社
員による技術格差の解消を図ることも可能になる。

　もう一つの特徴は、これだけの面積の作業を田植え機とコンバインについては各 1 台で
行っていることである。1 台を最大限稼働させることと、修理点検や保守管理を自社で行
うことにより、コスト削減につなげている。

（5）稲わらロールの収集・出荷

　あらい農産の経営を特徴づけるのが稲わらロールの収集と出荷を行っていることであ
る。一般にコメの収穫・調整に用いられる自脱型コンバインは、刈り取りの後、稲体から
籾のみを外す脱穀を行い、良質な籾をグレンタンクに選択的に保管することができる（こ
のため、収穫機と自動脱穀機の機能を備えているという意味で自脱型コンバイン（・ハー
ベスタ）と呼ばれる）。この脱穀により籾が外れた稲体が稲わらである。自脱型コンバイ
ンには、一般的にカッターがついており、脱穀作業が済んだ稲わらは 5 〜 15 cm 程度の
長さに細断され、圃場に散布される。この裁断された稲わらは、後の工程でトラクターの
ロータリーによって水田の土壌に鋤き込まれる。自脱型コンバインの機種によっては、ノッ

5）：ロボット技術や情報通信技術 (ICT) を活用して、省力化・精密化や高品質生産を実現する等を推進している新たな農業のこと。

表1－7　機械・設備の一覧

	機械
汎用	トラクター（90ps・72ps・65ps・60ps・55ps・50ps・45ps）
収穫・調製	コンバイン（6条刈）　乾燥機（65石×3台・60石×2台・43石×1台）
植付	田植え機（8条植え）
精米	精米機（3ps）　色彩選別機　石抜き
防除	ドローン　動力噴霧器
管理	ロータリー　ブロードキャスター　チョッパー　ハロー　畔塗機　レーザーレベラー　ロールベーラー
スマート	RTK基地局　自動操舵システム1セット
	施設
精米所（55㎡）　ライスセンター（300㎡）	
育苗ハウス500㎡×3棟　鉄骨ハウス3棟（198㎡・297㎡・396㎡）	

ターと呼ばれる長い稲わらを結束する装置がついていることもある。

この稲わらについては、年間93万トン（2021年）が飼料として主に肉用牛肥育において給与されている。飼料として利用されている稲わらのうち76％に当たる70万トンは国産で、残りは中国から輸入されている。飼料としての標

表1－8　稲わらの収集・販売実績

年度	面積（ha）	個数
2016	30.9	1,084
2017	32.2	1,211
2018	34	1,488
2019	37	1,021
2020	37	1,379
2021	60	1,763

準的な栄養は、現物中の水分12.2％、乾物中の粗たんぱく質（CP）5.4％、可消化養分総量（TDN）42.8％、可消化エネルギー（DE）1.89 Mcal/kg等、給与するために定められた基準[注5]があり、逆にこれを満たさない稲わらは飼料として利用することが難しい。飼料向けの稲わらとして調製するために最も重要な条件が水分である。よく乾いていることが求められ、湿った稲わらは畜産農家が利用できないため、水分の落ちていない稲わらは出荷できない。

あらい農産は、北埼玉地域の乾燥した気候を活かして、稲わらをロールベーラーで梱包し、収集・出荷している。収集・販売の実績は**表1－8**のとおり。2019年は台風によって流されてしまうなどの影響もあり、面積と収集個数が必ずしもリンクしていない。あらい農産ではロール作業の前に乾燥状態をチェックするなどして良質な稲わらロールの生産に努めている。

3）あらい農産の販売戦略

　水稲の売り上げについて**図1－9**に示す。コメの売上高と、**営業外収益**[6]の年間収入に占める割合を示した。コメの売上高が順調に増加基調であること、また、年間収入に占める営業外収益の割合が低下していることが読み取れる。営業外収益には、飼料米のように販売に関わらない交付金、助成金が含まれる。大規模水田作経営の多くが麦や大豆、飼料米のような営業外収益に依存した経営を行っているなか、あらい農産では食用米を販売して収益を上げている。ここでは、あらい農産のコメの販売について見ていこう。

　あらい農産の一番の売りは、籾貯蔵在庫を基本とし、オーダーを受けて白米袋詰め出荷することで、常に新米並みの鮮度と食味を提供することである。この**コア・コンピタンス**[7]を維持するため、機械・設備の投資を行い、逆に6次産業化のような加工に手を付けないという戦略が経営のベースになっている。

　出荷先として、一般の家庭消費用だけでなく、社員食堂や学校給食向けを重視しているのもあらい農産の販売の特徴であろう。社食や給食には、「彩のきずな」（令和2年度産米食味ランキングで県西・県北産の同種が「特A」評価を獲得）を用いている。

　健一氏は、2006年に東京農業大学教育後援会会長を1年間務めている。その間、土壌肥料を専門とする後藤逸男教授と出会い、生ごみ乾燥物を搾油した後に成型する有機質肥料「農大みどりくん」の試験に協力した。食味等良い結果が出て、農大生協グリーンに「みどり君米」を白米で出荷した。この取り組みが紹介されたことをきっかけとして、2008

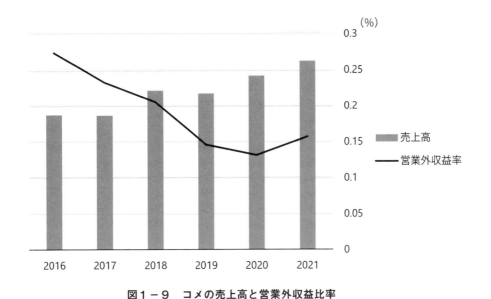

図1－9　コメの売上高と営業外収益比率

6）：営業活動以外の経常的収益をいい、水田活用の直接支払交付金はこれに含まれる。農林水産省『営農類型別経営統計』によれば、水田作経営（都府県）の営業利益は-254千円、営業外収益が518千円であり、経常利益が256千円となっている。
7）：企業の中核となる強みのこと。ハメルとプラハラードの "The Core Competence of the Corporation" において、「顧客に対して、他者にはまねのできない自社ならではの価値を提供する、企業の中核的な力」と定義された。

表1－9　社食・給食への出荷

出荷先	詳細	出荷量（トン）
協同組合行田給食センター	地産地消で使用したいという要望により年間出荷	50
都内の学校給食	世田谷区小学校4校と練馬区、足立区、品川区、北区の計8校に年間出荷	55
キユーピー株式会社	卵殻の肥料利用の試験に協力したことをきっかけに、社食として「彩のきずな卵殻米」を使用	15

注：出荷量は玄米ベースの重量である。

年、世田谷区立小学校の栄養士の先生からの要望があり初めて学校給食に出荷した。その後、食育活動「いのちをいただく」取り組みを行っている。これは、栄養士の先生方にあらい農産に来ていただき、田植え体験、稲刈り体験を行うものである。また、学校で出前授業を行い「稲の話」「食の重要性」を伝え、生徒と一緒に給食を食べ理解し合う活動も行っている。

　食用米以外では、飼料用米と加工用米があり、それぞれ、売上高の2割程度となっている。飼料用米は、「にじのきらめき」とその他の品種が用いられるが、専用種の利用はなく、籾で出荷できる採卵業者が出荷先となっている。加工用米は、埼玉県内の酒造会社2社（松岡醸造株式会社と株式会社釜屋）に商社を介して出荷している。これも品種は酒米専用種ではなく「彩のかがやき」と「彩のきずな」であるが、地酒の原料として、地元のコメを使いたいという要望に応えるものである。

　こうした様々な出荷先について、明確な出荷計画に基づいて稲の作付け計画が出来上がっており、それぞれの圃場ごとに、どこへ出荷されて食べられているかがイメージできるため、従業員のモチベーションにもつながっている。

4．まとめ

　あらい農産の経営者である新井健一氏の経営における特徴を一言でいうと、コア・コンピタンスの明確化ということができよう。消費地に近いという立地上のメリットを活かし、注文を受けてからの今摺り米での出荷や社食や給食という安定した出荷先の確保、加えて、乾燥する気候を活かした稲わら収集と、強みを踏み外さない着実な経営と評価できる。高齢化が進む地方にあって、健一氏は「商社がライバル」と語る。「最新のテクノロジーも取り入れながら、若い人も雇用して。コメをつくってどこへ販売するかとか、用途に応じたコメを作っていく。飼料用だからこういうもの、食用だからこういうもの、給食でも丼向けの硬さを持ったもの、といったものを作るようになる」と未来を見据えている。

　このケースが示唆するものは、農業生産においても、自己の分析を的確に行い、強みを理解して経営を進めることの重要性にあるといえるだろう。

写真1−2　あらい農産圃場

写真1−3　あらい農産のコメを原料とする清酒「常盤乃松風」

＜課題1：農産物の販売先として個別の消費者と給食を比較し、それぞれのメリットとデメリットを整理しなさい。＞

＜課題2：コメの家計における消費について、10年後どうなっているか予想しなさい。＞

＜課題3：「株式会社あらい農産」が、独自の商品開発を行い顧客に直接販売する6次産業化に乗り出すために、新たに必要となる経営資源を答えなさい。＞

【参考情報】東京農大「経営者大賞」受賞記念講演要旨　新井健一氏

　皆さん、こんにちは。埼玉県行田市にて米作りをしております、株式会社あらい農産代表取締役 新井健一です。よろしくお願いいたします。このたびは名誉ある経営者大賞をいただき、大変うれしく思っております。そして、お世話になった皆さん、大変ありがとうございました。

　私は 1975 年に神奈川県厚木農場練習生から東京農業大学短期大学農業科に入学し、78 年 4 月派米実習、カルフォルニア、そしてカンサスへ、畜産の養豚の勉強に行きました。帰国後、埼玉県行田市というところで、稲作を中心として経営を始めました。最初は2.5 ha ということで、父がやっていた経営を、バトンタッチしたわけです。81 年、同窓生で同研究生の、同級生の順子と結婚いたしました。そして、一緒に稲作りを始めまして、ちょうど今年で 40 年になりました。2012 年、株式会社あらい農産を設立しましたので、2021 年 9 月、会社創立から 10 期目となりました。21 年の水稲作付けは 40 ha です。

　まず、埼玉県の良いところを並べてみました。埼玉県は災害が少ない。そして、河川の流域面積が全国一。1 月 2 月の日射量も全国一です。それと、都内までの距離が、隣の県ですから短いですね。私の行田市は利根川ですので群馬寄りですけども、最寄りの駅から新宿まで、ちょうど 1 時間で着きます。そういったところが埼玉県の大きな特色だと思います。

　このスライドは、田んぼアートという、稲の色を使いまして絵を描くもので、これは役所広司さんですね。これはね。行田で『陸王』のドラマをやっていましたので、出演しておられた役所広司さんを描いています。

　埼玉県はどのぐらい農業の産出額があるかというと、令和元年の統計で 1,678 億円、全国 20 位です。野菜は全国でもトップクラスです。

　先ほど申し上げましたように、消費地である東京に非常に近いものですから、統計の数字に乗らないものというのが、たくさん流通されています。ですから、これよりも潜在的な能力というのは、まだまだ上ではないのかと考えられます。どちらかというと農業県ということだと思います。

　行田市がどういうところかというと、行田市に山は全くないです。それで、山と言っているのが古墳で、「さきたま古墳」という、埼玉発祥のところです。「埼玉」と書いて「さきたま」と、うちのほうでは読んでおります。そして、石田三成が攻めたけど攻め切れない忍城というのが古くからありました。今は古代蓮の咲く水田地帯です。

　行田市の耕地面積は 3,130 ha。うち水田は 2,720 ha で、水田比率にすると 87％です。

　そして、このなかで借地、田んぼを貸すという正規の契約をしている人が 4 割。このほか、相対という、契約をしないで「あんた作ってよ」とか「じゃあ、私が作るよ」という口約束の場合があります。それを入れると大体半分は農地を貸してしまっている、借りているということだと言えます。そして、注目していただきたいのは、65 歳以上の農業者が約7 割。85 歳以上という方が 54 名おります。65 歳未満は 3 割しかいないということで、

高齢者の産業になってしまっている面もあります。

　これは私が考えたことですけども、行田市農業の近い将来、もうなっているかもしれないですけど、高齢者の産業として「安全で良いものを作る意欲などないです。早く仕事が終わればいいや」ということが懸念されます。それと、慢性な人手不足です。田んぼを作る人がいない。ヨシや雑草だらけの農地が広がる。農道、農業用水の維持・管理ができない。困った問題なんですけども、これをどうしたらいいかということになりますと、今ある中間管理機構とスマート農業の両輪で進めば何とかなるかなということで考えています。

　平成24年9月3日、株式会社あらい農産を設立いたしました。

　経営概要です。2021年の経営面積は、水稲40ha。この40haのなかに飼料米と加工米が入ります。麦類3ha、稲わらロール50haで経営をしています。農産物の生産、加工、貯蔵、運搬、販売ということです。経営理念は「農業を通じて地域社会に貢献する」「『安全でおいしいお米』を食卓へ」です。組織は少人数ですので、助け合い、仕事を進めております。経営理念を指針にして地域農業者と共存、共栄をしていくということ、そして、地域農業、農地の流動化、遊休農地の解消に積極的に努めるということを考えています。

　次に、生産性指数について、2016年から今年2021年までのものをまとめました。米等の売り上げについて、2016年を指数100とした場合に2021年は指数140です。米以外の収入、助成金を両方合わせて緩やかな上昇をしていると思います。2020年と2021年は、コロナ禍で学校給食が2カ月ちょっとできなかったりしたんですけども、こういった数字には表れませんでした。

　稲わらロール収集個数です。2016年から2020年と増えていますが、2019年の台風19号が関東地方に大きな被害を出しまして、田んぼに置いてあったわらが低いところはほとんど流されてしまいまして、収集することができませんでした。農業は天候にすごく左右されるものですから、立派な計画を立てても、時によると全く皆無ということもあります。埼玉県は被害が少ないほうでしたが、何年かに一回はこういうことがございます。

　生産管理や労務・人事管理の特色です。私どもの行田は「暑いぞ熊谷」の隣の市ですから、毎年、夏になると猛暑、田んぼの水がお湯になっちゃいます。そんなところですので、田植えが終わった7月20日から9月5日頃まで、朝5時始業12時までといたしまして、午後からは仕事をしないということで数年やっております。朝の打ち合わせは必須とし、各自の作業工程、また食事の時や作業終了後も情報交換をするということです。

　技術上の取り組みについては、水稲の管理を徹底し、周りの農家から褒めていただくよう行う。反収を上げるように研究する。また、高性能農業機械による高い労働生産性の確立ということで、トラクター7台からいろいろ書いてありますけども、基本的にコンバイン1台、田植え機1台で田植えから稲刈りをすべて賄うということで、余計な機械は持たないということでやっております。それに加えて、スマート農業への実践に向けて取り組んでいます。新しいものとして、ドローンで防除とか追肥をしたり、営農管理システムの利用ですね。RTK基地局や自動操舵システム1セットが特徴だと思います。

　あらい農産は会社の１期が９月から８月までですので、９月からここに提示させていただいております。１年を、仕事がなるべく平均的にあるように考えて、水稲、稲わらロール、小麦、機械メンテナンスということで、計画しておりますけども、４月、５月、６月の田植えの時期が一番ハードで忙しいですね。

　加工・販売体制の特色ということで、白米は籾貯蔵で１年、倉庫に置いております。オーダーをいただいてから精米し出荷ということがあらい農産の最大の特徴です。埼玉県も稲に対して良い品種はないなというのはあるんですが、今までに何回か特Ａになった「彩のきずな」というのを今、籾貯蔵で学校給食、社食に白米で提供しております。

　それと、先ほどありました稲わらロール。梱包前に、わらのチェックを行って不良品ゼロに近づける。先ほども申しましたけども、天候に左右され、年によってロール数は大きく変わります。少なくなる時もありますし、今年は多量に取れたなという時もあるんです。その時でも十分に弊社の倉庫に収納しまして、年間販売できるということです。稲わらロールは、大型貨物で取引しますので、公道から倉庫までの進入路や積む場所を整備して、円滑に出荷できるようにしております。稲わらというのは肉牛のなくてはならないエサで、毎年、肉牛農家が引き取りにきます。そして、埼玉県の１月２月の乾いた気候は日本のほかにはなかなかないもので、日本海側は雪が降ってしまう、九州のほうでは早く稲刈りをするもので、わらが腐ってしまうということなので、私のところが一番わらが取れるメッカだと思っております。

　それと小麦です。今、雑草のカラス麦というのが結構生えてしまいまして、その雑草が同じ麦なので除草剤等が効かないということで、埼玉県は小麦の良質なものができるはずですけれども、余計な雑草が生えてしまい品質等が落ちてしまうということで、これから縮小して、どうするか、協議して決めたいと思っております。

　顧客についてです。生産現場や、私ども社員の顔を見ていただいて、田植え体験、稲刈り体験、試食等を毎年行いたかったんですけど、去年はなかなか難しかった。今年は行いました。これは稲刈り体験の集合写真です。小学校の栄養士の先生、株式会社キユーピーの方々、社食でお世話になっている方々。皆さん「楽しい」と言って、すごく喜んでくれた。天気も良かったので非常に好評でした。

　それでは、経営成功の要因ということで、社外に出掛け、弊社の米作りと米そのものを自ら発信する。農閑期に地味な田んぼの整備が大切。食は人間にとって不可欠であり、信頼がなければ流通は成り立たないということでございます。

　将来の展望ということで言えば、今年度、米倉庫が完成しました。中間管理事業やスマート農業も発展させたいと考えています。生産能力の向上と販売先の安定確保に注力したいと思います。それと事業の継承ということで、今年11期、来年の９月になると12期になります。長男の喜好に継承するということで、もう準備を始めております。そして、顧客に対して face to face を続ける。

　一番大事なことは事故ゼロの継続です。ケガをしたり病気になったりということ。そし

て、これらをうまくできるようにしながら、50 ha に規模拡大をしていくということが目標です。それで、ドローンやレベラーの導入。レベラーというのは、乾いた冬の時期にトラクターの後ろに作業機を付けて、それを引いて畔を崩して均平にすることによって圃場2枚を1枚、3枚を1枚にして1枚当たりの面積を倍にする作業をするものです。RTK基地局というのは自動操舵の電波の基地局です。一般的に RTK-GNSS と呼ばれるんですけど、衛星とトラクター、基地局に電波を流して、それを是正してトラクターとか田植え機に送ることで、そこで補正して、20キロ離れていても1センチか2センチの誤差で機械が動くというものです。あらい農産の事務所の屋根には、丸いお椀みたいな RTK のアンテナが付いています。事務所の中に RTK 基地局。冷蔵庫の小さいぐらいの大きさですけども、それが基地局です。20キロ離れていても1センチ、2センチの誤差で動く。市町村を越えて電波が届くということです。自動操舵のメリットは、とにかく真っすぐ動くこと。1センチ単位で作業箇所の合わせ目ができる。初心者でもプロ、あしたから匠の技と、そういうことですね。あとは、決めていた計画通りの作業ができる。

　中間管理というのは、やめる人が、埼玉県農林公社が農地中間管理機構に指定されていますので、そこに申し出てもらって、我々担い手に、埼玉県農林公社が、農地を作るというように橋渡しをしてくれるということです。

　それでは最後になります。このように、農地を耕す人がいなくなり、これからが本当のビジネスチャンスだと思っています。そして、弊社の経営理念である「農業を通じて地域社会に貢献する」「『安全でおいしいお米』を食卓へ」ということが一層活発に、これからできると思っています。

　最後に横井時敬の言葉を話します。「土に立つ者は倒れず／土に活きる者は飢えず／土を護る者は滅びず」以上、ご清聴ありがとうございました。

【注】

注1：厚生労働省『令和元年国民健康・栄養調査』に基づく1人1日当たり摂取量の全年齢の平均値である。

注2：手帳に遺されていた遺作であり、1931年11月に書かれたものと考えられている。

注3：厚生労働省『日本人の食事摂取基準（2015年版）』より、"PFC バランス"から"エネルギー産生栄養素バランス"に改められた。

注4：埼玉県加須農林振興センター「北埼玉地域の農業」に基づく。
　　　https://www.pref.saitama.lg.jp/documents/21383/youran.pdf

注5：農業・食品産業技術総合研究機構『日本標準飼料成分表 2009 年度版』に基づく。

【参考文献・ウエブページ】

［1］ 荏開津典生・鈴木宣弘（2020）『農業経済学 第 5 版』岩波書店

［2］ 加古敏之（2006）「日本における食糧管理制度の展開と米流通」『危機に瀕する世界のコメその 2- 世界の学校給食とコメ消費：日・米・台湾・タイの現状と可能性（平成 17 年度 第 11 回世界のコメ・国際学術調査研究報告会・シンポジウム No.16255012（科学研究費補助金 (基盤研究 A)))』、pp. 155-183

［3］ 佐伯直美（2009）『米政策の終焉』農林統計出版

［4］ 時子山ひろみ・荏開津典生・中嶋康博（2019）『フードシステムの経済学 第 6 版』医歯薬出版

［5］ 米穀データバンク（2022）『米マップ '22』米穀データバンク

［6］ グロービス経営大学院（2017）『［新版］グロービス MBA 経営戦略』ダイヤモンド社

———————— 第2章 ————————

最適規模経営を追求したキラリと光るワイナリー
－山梨県甲州市勝沼町 丸藤葡萄酒工業が目指す小規模企業の理想型－

渋谷往男・横田誠波・佐藤和憲

1．はじめに

　新宿駅から中央本線特急に乗ると1時間半で「勝沼ぶどう郷駅」に到着する。この駅名は地域の特徴を表しており、駅を出ると一面のブドウ畑が目に入る。勝沼は我が国随一のブドウとワインの産地なのである。それは、我が国のブドウ生産とワイン生産の発祥の地という歴史の上に立っており、現在では勝沼には30を超えるワイナリーがある。勝沼は名実ともにブドウとワインの郷なのである。

　そうしたワイナリーの中で、明治時代に創業し、130年を超えるひときわ歴史あるワイナリーとして、丸藤葡萄酒工業がある。同社は単に歴史があるだけではない。その醸造技術の高さは過去に数多くのコンクールで入賞したことやさまざまなメディアで取り上げられてきたことからも裏付けられる。また、よいワインはよいブドウ作りから、という考えのもとで、自社農園を持つ強みを生かして早くから欧州系ブドウの**垣根栽培**[1]に取り組むなど、常に研究的な姿勢で生産から一貫してワイン造りを進めてきた。さらに、甘口ワインが消費の主流だった時代から、実需者の意見を聞き他社に先駆けて辛口ワインの醸造を手がけるなど、他のワイナリーとは一線を画した取り組みを進めてきた。販売面ではワイナリーを訪れる消費者を大切にしてきたこともあり、個人消費者への販売が多い。また、ワイン蔵でコンサートを開くなどの情報発信にも努めてワイン産業の発展に貢献してきた。

　こうした取り組みを牽引してきたのが、現社長の大村春夫氏である。大村氏は大学卒業後醸造試験場やフランス留学でワイン造りを深く学び、それを実務に活かしてきた。丸藤葡萄酒工業はまさに小さくてもキラリと光る存在であり、技術力で勝負する中小企業のロールモデルといえる。

　丸藤葡萄酒工業と大村氏の経営を語る前に、まずはワイン産業および勝沼についての理解を深めておきたい。

2．ワインの概況

1）酒類およびワインの分類

　酒はアルコール分を含む飲み物であり、日本の酒税法ではアルコール分1度（1％）以上の飲料を酒類と定義している。酒類は製造過程で、醸造酒、蒸留酒、混成酒に区分される（**図2－1**）。ワインは醸造酒の一種であり、ブドウに含まれる糖類を発酵させて造られる。

　ワインは、醸造法によってさらに非発泡性ワイン、発泡性ワイン、**酒精**強化ワイン[2]、

---

1)：ヨーロッパ系品種のブドウ生産で一般的な方法で、ブドウを生け垣のように一直線上に、何列も並べて植える栽培方法。果房に日光が当たりやすい、反収が高いなどのメリットがあるが樹勢が強く作業が大変などの特徴がある。

2)：発酵アルコールのことで、一般飲食物添加物に分類される。成分は醸造用のエチルアルコールと同じで、食品表示ラベルにはアルコールやエタノールと記載されることがある。味噌をはじめ様々な食品に使われている。

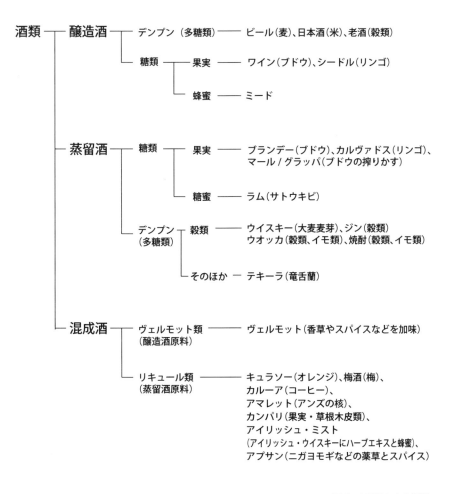

〔日本の酒税法による分類〕

図2-1 酒類の分類

出所：『日本ワインの教科書』

フレーヴァードワインの4つに分類される。非発泡性ワインは炭酸ガスを含まない通常の
ワインで、赤ワイン、白ワインなどがある。一般にスティルワインと呼ばれる。発泡性ワ
インは炭酸ガスを含んだワインで、一般にスパークリングワインと呼ばれている。酒精強
化ワインは非発泡性ワインの発酵の途中、または発酵終了後にブランデーなどの蒸留酒を
添加しアルコール度数を高めたワインをいう。フレーヴァードワインは非発泡性ワインに
薬草、ハーブ、果実などを加えて造るワインである。

2）世界におけるワインの生産・消費の概要

ワインは世界で生産、消費されている。生産量は約5割を占めるヨーロッパでの天候
に左右される面があり、250 ～ 300mhL（million hectoliter）程度で変動が激しくも、長

表２−１　ワインの分類

醸造法	分類
非発泡性ワイン （スティルワイン）	赤ワイン、白ワイン、ロゼワイン、オレンジワイン
発泡性ワイン （スパークリングワイン）	シャンパーニュ、ゼクト、スプマンテ、カバ、クレマンなど
酒精強化ワイン （フォーティファイドワイン）	シェリー、ポート、マデイラなど
フレーヴァードワイン	ヴェルモット、サングリアなど

出所：『日本ワインの教科書』

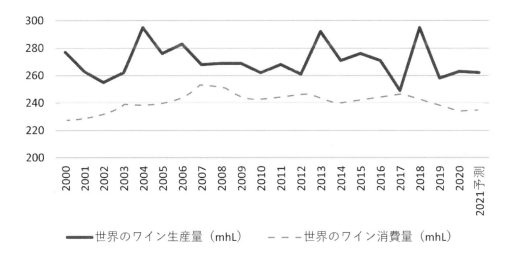

図２−２　世界のワイン生産量と消費量の推移

出所：国際ブドウ・ワイン機構 HP より筆者作成

期的には横ばい傾向にある。一方で、消費量は長期的に増加傾向にあったが、ここ数年は240mhL 程度でやや減少傾向が見られる。

　世界のワイン産地の分布は、伝統的に「ワインベルト」と呼ばれ、北緯 30-50 度、南緯 20-40 度の地域に分布している。日本は北半球のワインベルトにほぼ全域が入っている。しかし、近年では地球温暖化によるブドウ生産適地が拡大し、ワインベルトも広がる傾向にある。

　ワインの生産はイタリア、スペイン、フランスの欧州３カ国で世界全体の約半分の量を生産している。しかし、このような伝統的な産地にとどまらず、南北アメリカ大陸、中国、オセアニア、さらには南アフリカにまで拡大している。日本は生産量では世界 25 位となっており、世界の生産量の 0.3％、最も多いワイン生産国であるイタリアやフランスの 1.8％にとどまっている。

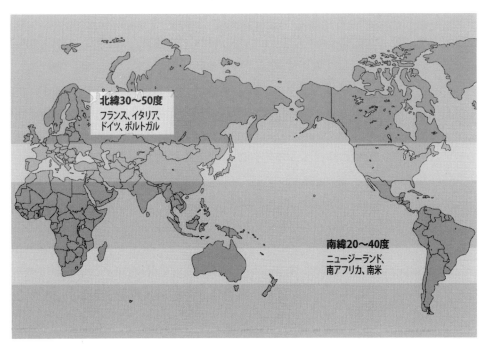

図２−３　世界のワインベルト

ワイン消費量は生産地とは異なり、いわゆる先進国に偏っており、アメリカ、フランス、イタリアなどが多くなっている。一方で、国民１人あたりのワイン消費量では、アンドラ公国、バチカン市国、クロアチア、ポルトガルなど小規模な国も上位に顔を出してくる。

３）日本全体のワインの生産・消費の概要

アルコール飲料の生産量は国税庁によって「**課税移出数量**」[3]

表２−２　国別のワイン生産量（2019）

	国	生産（トン）
1	イタリア	4,985,862
2	フランス	4,165,524
3	スペイン	3,370,000
4	アメリカ	2,630,772
5	中国	2,065,561
6	アルゼンチン	1,301,947
7	オーストラリア	1,197,000
8	チリ	1,193,876
9	南アフリカ	973,500
10	ポルトガル	634,885

出所：FAO STAT

として把握されている。国内市場では全体的に減少傾向にある中で、各種の酒類が競い合っている状況となっている。品目別に大きな特徴を見ると、ビールが減少し、いわゆる「新ジャンル」と呼ばれるビールに類似した発泡酒やリキュールが増加している。また、清酒

---

3)：酒類製造者の事業所から１年間に出荷された酒類の総量。移出数量または移出価格に応じて酒税を納税する。

は長期的に減少傾向となっている。

　そうした中で、ワインに該当する「果実酒及び甘味果実酒」の課税移出量は長期的にはやや増加しているものの、ここ数年は横ばい状態となっている。

　ワインの課税移出数量の推移を見ると、輸入量が多い点が特徴的であり、全体の約 2/3 が輸入分である。国内出荷分は急速には増やすことができないため、ワインの消費量の伸びは主として輸入ワインでまかなわれている。日本ではこれまで 7 回のワインブームがあったとされている。1997 年〜 1998 年には赤ワインに含まれる**ポリフェノール**[4]が心臓疾患の予防になるという学説が広まり赤ワインブームが起きた。2013 年頃から再びワインブームが起きて、現在に至っている。これは、「**日本ワイン**[5]」の設定やチリ産などの低価格輸入ワイン、スパークリングワインのブームなどの要因があると言われている。

　国内製造ワインには海外産の原料を用いて国内で製造するものと日本産の原料を用いて国内で製造するものがある。ワイン消費が拡大する中で国内製造ワインについて公的な基準がなかった。そこで、2018 年 10 月に「**果実酒等の製品品質表示基準**[6]」（通称 ラベル表示ルール）が施行され、国産ブドウ 100% で造られたワインのみを「日本ワイン」と認め、ラベルへの表示が許可された。それまでは「国産ワイン」と称していた国内でボトリングされたワインは「国内製造ワイン」となり、その中に日本ワインも含まれている。しかし、日本ワインは国内製造ワインの全生産量のうち約 20% にとどまっている。

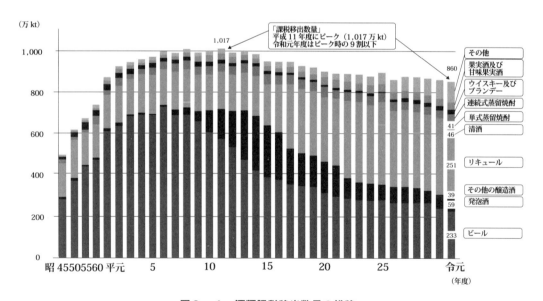

図2－4　酒類課税移出数量の推移

出所：国税庁課税部酒税課・輸出促進室（2022 年 3 月）「令和 4 年 3 月酒のしおり」

---

4)：ほぼすべての植物が持つ苦みや色素の成分。抗酸化作用があり、動脈硬化や高血圧の予防や美容効果に期待できる。
5)：国内で栽培されたブドウのみを使用し国内で醸造されたワイン。繊細な味わいが特徴で日本料理に合う。
6)：酒税の保全及び酒類業組合等に関する法律の規定に基づき、果実酒等の製法品質に関する表示の基準を定めたもの。

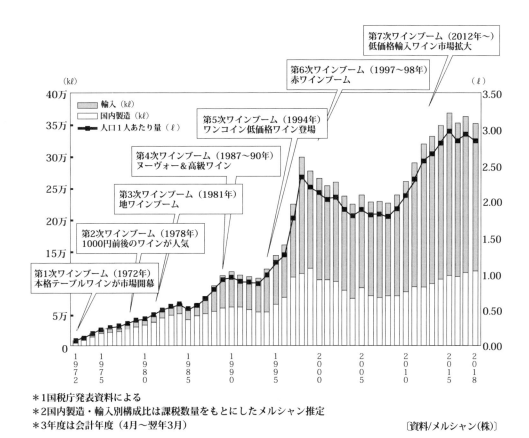

図2−5　果実酒の出荷量（課税移出数量）の推移

出所：国税庁「果実酒製造の概況」及び「日本ワインの教科書」

4）県別ワイン生産量

　都道府県別のワイン生産量は、表のように栃木県、神奈川県、山梨県の順になっている。栃木県、神奈川県は一般にワイン産地という印象は持たれていない。これは、栃木県にはサントリーの梓の森工場（栃木市）が、神奈川県にはメルシャンの藤沢工場があるためであり、いずれも、大量生産のデイリーワインを製造している。このため、統計上の生産量は多くなっている。

　しかし、日本ワインに限った生産量を見ると、山梨県、長野県、北海道など一般的にワイン産地あるいはワイナリーの所在地と認識されている道県が並ぶ。これらは、いずれもブドウ産地でもあり、輸入原料を用いたワイン生産とは一線を画している。

　このように、大手メーカーのデイリーワインの生産を除くと、山梨県のワイン生産は圧倒的に多くなっており、国内で最も大きな産地といえる。こうした産地の特徴を反映して、山梨県内には、山梨大学にワイン関連の人材を育成する地域食物科学科や「ワイン科学研究センター」が設置され、山梨県の組織として、産業技術センター内に「ワイン技術部」が勝沼に設置されている。

表2−3　都道府県別ワイン生産量		
	県名	生産量（kl）
1	栃木	35,163
2	神奈川	31,122
3	山梨	13,377
4	岡山	4,978
5	長野	4,944
6	北海道	3,466

出所：国税庁「第146回国税庁統計年報書令和2年度版」

表2−4　都道府県別日本ワイン生産量		
	県名	生産量（kl）
1	山梨	5,189
2	長野	3,950
3	北海道	2,603
4	山形	1,159
5	岩手	580
6	岡山	394

出所：国税庁「国内製造ワインの概況（平成30年度調査分）」

3．甲州市および勝沼町の概要

1）甲州市勝沼町の概況

（1）基礎条件

①位置と交通条件

　山梨県は、本州のほぼ中央に位置し、東京都、神奈川県、静岡県、長野県、埼玉県に接している。東京からは県都である甲府市へは鉄道、自動車ともに2時間程度で到達する。甲州市は、甲府市よりも東京都側に近い甲府盆地の北東に位置し、中央本線や中央高速道で東京都心と1時間半で結ばれている。

②歴史的経緯

　山梨県は古くは甲斐国と呼ばれ、戦国大名として有名な武田信玄が甲府を中心にこの地を治めた。16世紀末に武田氏が滅んだ後、甲斐国は織田・豊臣・徳川と支配が移り、江戸幕府の下で甲府藩、谷村藩が成立するが、1724年に幕府直轄地となった。この時期には甲州街道や富士川舟運の発達で栄えてきた。

　明治の廃藩置県を経て1871年（明治4年）に山梨県となった。明治時代前半は勧業政策により、製糸業や葡萄酒醸造業が育成された。後半には中央本線が開通し、産業や文化が進展した。1945年（昭和20年）に終戦を迎え、戦後の農地改革により自作農中心の体制となり、その後の農業は果樹への転換が著しくなった。1982年（昭和57年）の中央自動車道の全線開通によって、物流の利便性が向上し工業化が進んできた。

　甲州市は平成の市町村合併によって、2005年にいずれも旧東山梨郡市であった塩山市、勝沼町、大和村の1市1町1村が合併して誕生した。丸藤葡萄酒工業の所在する旧勝沼町は江戸時代には甲州街道の宿場町として栄え、明治期になり、養蚕やブドウ栽培で栄えた。1877年（明治10年）には日本初のワインメーカーである**大日本山梨葡**

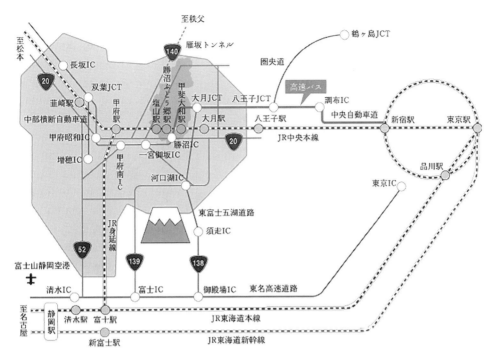

図2－6　甲州市の位置と交通条件

出所：甲州市観光協会

葡酒会社⁷⁾が設立されワイン生産が開始された。

（2）自然条件

①地形

　山梨県は、南には富士山、西には北岳など南アルプス、北に八ヶ岳、甲武信ヶ岳など、標高の高い山々に囲まれた盆地内にある。甲州市は甲府盆地の東側に位置し、標高は 300 〜 600m であり、南から南西斜面で日照時間が長い。また、笛吹川の支流の日川や田草川の扇状地上にあり、水はけが良い。

②気候

　甲州市（勝沼）の気候は、標高の高さを反映して、年間を通じて東京よりも若干冷涼である。降水量は盆地特有の気候のため、年間を通じて少なくなっている。さらに、勝沼と東京の月別の日最高気温と日最低気温の差、すなわち日較差を比較すると、勝沼では1月を除くすべての月で3℃程度差が大きくなっている。

　降水量の少なさは、一般に果樹栽培に適しており、特に降水を嫌うブドウ栽培には適しているといえる。また、日較差の大きさからも糖度の強い果物生産の適地であることがわかる。

---

7)：日本最古のワイナリーで 1877 年に山梨県勝沼町にて地主や豪農によって設立されたが 1886 年に解散した。勝沼町の一部の旧祝村（いわいむら）に設立されたことから通称、祝村葡萄酒会社とも呼ばれた。

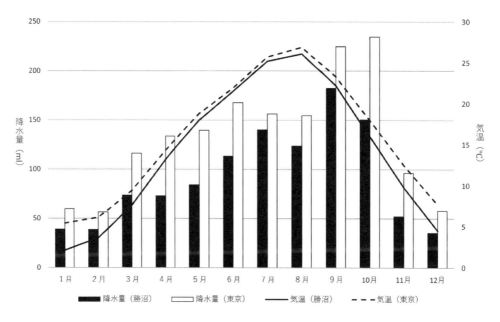

図２−７　勝沼と東京の雨温図

出所：気象庁 HP より筆者作成

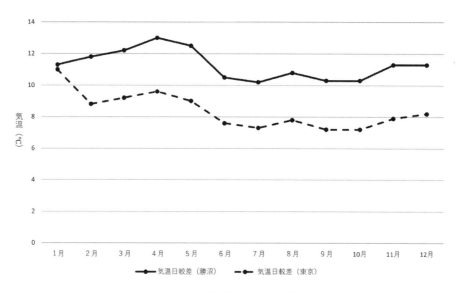

図２−８　勝沼と東京の日較差

出所：気象庁 HP より筆者作成

（3）社会条件

①土地利用

甲州市の土地利用は、全体面積が 264.11km²で、山梨県内 27 市町村のうち 7 番目の広さとなっている。このうち、最も大きな面積を占めているのは山林で、約 6 割となっている。次いで多いのはその他であるが、これは、道路、河川、ため池、公園などの合計である。次いで多い用途は畑の 9.4% となっている。これは、宅地の 3 倍以上を占めている。

②山梨県甲州市勝沼町の人口の推移

甲州市の人口は 2020 年で 3 万人弱となっており、このうち旧勝沼町の人口は 7,800 人あまりとなっている。これを 10 年スパンの長期的な変動傾向で見ると、全国的には 2010 年以降人口減少に転じているのに対して、山梨県は 1990 年から減少傾向が始まっている。甲州市では 1980 年から既に減少傾向が継続しており、特に直近 10 年間の減少率は 14% 近くになっている。これを旧勝沼町で見ると、2000 年にかけて人口は増加していたが、その後減少に転じ、直近 10 年間では 12% 以上の減少率となっている。このように、全国や山梨県全体と比較すると、甲州市および旧勝沼町の人口減少が顕著であることがわかる。

高齢化率をみると 2020 年時点で甲州市は 36.7% となっており、旧勝沼町では若干低く 35.7% である。山梨県全体では 30.8% であり、当該地域よりも 5 〜 6 ポイント低く、全国ではそれよりも 2 ポイント程度低くなっている。高齢化率の推移を見ても甲

表 2 − 5　甲州市の地目別面積（2021 年）

	面積（km²）	比率
総面積	264.11	100.0%
田	0.90	0.3%
畑	24.81	9.4%
宅地	7.69	2.9%
山林	153.91	58.3%
原野	2.31	0.9%
池沼	0.74	0.3%
雑種地	2.89	1.1%
その他	70.86	26.8%

出所：甲州市税務課資料

表 2 − 6　甲州市および関連地域の人口の推移

	1980 年		1990 年		2000 年		2010 年		2020 年	
	実数	増減率	実数	増減率	実数	増減率	実数	増減率	実数	増減率
旧勝沼町	8,632	△ 6.02%	8,649	0.19%	9,258	7.04%	8,923	△ 3.62%	7,814	△ 12.43
甲州市	37,269	△ 2.28%	37,038	△ 0.62%	36,925	△ 0.3%	33,927	△ 8.12%	29,237	△ 13.82%
山梨県	894,256	17.35%	852,966	△ 4.62%	888,172	4.12%	863,075	△ 2.83%	809,974	△ 6.15%
全国（千人）	117,060	4.37%	123,611	5.59%	126,926	2.68%	128,057	0.89%	126,146	△ 1.49%

出所：総務省「国勢調査」

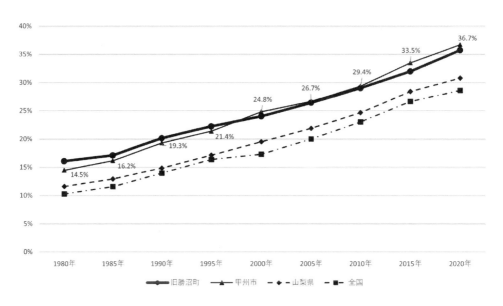

図2-9　甲州市および関連地域の高齢化率の推移

出所：総務省「国勢調査」より筆者作成

州市の高齢化率は、過去 40 年間一貫して増加しており、常に全国および山梨県全体の高齢化率を数ポイント上回っている。さらに、その差は徐々に拡大している。

③山梨県甲州市の産業構造の概要

　甲州市はブドウに代表される付加価値の高い果樹生産とそれを活かしたワイン生産が盛んである。このため、第 1 次産業の比率の高さに特徴がある。産業別の就業人口比率を見ると、甲州市では 1980 年は 4 割近くが第 1 次産業に就業していた。これが 20 年後の 2000 年には 25% 程度まで低下したものの、2020 年でも 23.4% とかなり維持されている。これを山梨県全体、全国と比較するとその比率の高さがよくわかる。甲州市ではワイン醸造業が盛んであることを考えると第 2 次産業の一定部分をワイン醸造業が占めていると考えられ、果樹生産およびワイン生産に支えられた地域であるといえる。

2）甲州市の農業の概要

　丸藤葡萄酒工業のある旧勝沼町は農家戸数が減少傾向にあり、過去 40 年間で約 1/7 に減少している。専業農家も同様に約 1/7 に減少しており、農業が急速に衰退している。しかし、専業農家の比率は 45.2% で、これを甲州市や山梨県、さらに全国と比較すると、非常に高い比率となっており、全国的に見て農業が盛んな地域といえる。これは、旧勝沼町の農業が稲作中心ではなく、収益性が高い果樹中心であることによるものと思われる。

　経営耕地面積をみると、甲州市、旧勝沼町ともにわずかに減少傾向にある。その内容は甲州市で 97%、旧勝沼町で 99% が樹園地となっている。このことから丸藤葡萄酒工業のある地域の農業はほとんどが果樹となっていることがわかる。

　甲州市の農業産出額は 2020 年の時点で全体が 157 億円で、このうち、果実が 146 億円と全体の 93% を占めている。このことからも、この地域の農業は、果樹生産が中心であることがわかる。

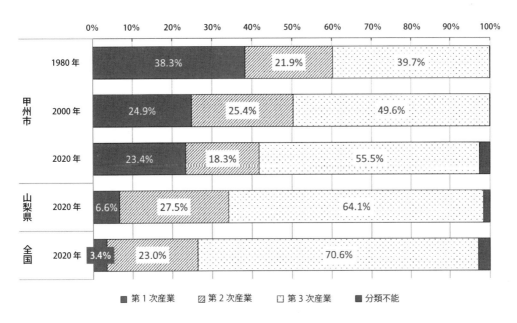

図 2 − 10　産業別就業人口比率の比較

出所：総務省「国勢調査」より筆者作成

表 2 − 7　旧勝沼町および関連地域の農家戸数の特徴

		農家戸数	専業農家	兼業農家		
					第 1 種兼業農家	第 2 種兼業農家
旧勝沼町	1980 年	1,525	696	829	472	357
	2000 年	1,131	613	518	195	323
	2020 年	210	95	115	28	87
		＜ 45.2% ＞	＜ 54.8% ＞	＜ 13.3% ＞	＜ 41.4% ＞
甲州市	2020 年	1,984	683	1,301	248	1,053
		＜ 34.4% ＞	＜ 65.6% ＞	＜ 12.5% ＞	＜ 53.1% ＞
山梨県	2020 年	14,686	3,482	11,204	1,865	9,339
		＜ 23.7% ＞	＜ 76.3% ＞	＜ 12.7% ＞	＜ 63.6% ＞
全国	2020 年	1,037,342	230,855	806,487	142,538	663,946
		＜ 22.3% ＞	＜ 77.7% ＞	＜ 13.7% ＞	＜ 64.0% ＞

出所：農林水産省「農林業センサス」

表２−８　甲州市及び旧勝沼町の経営耕地面積（ha）

	甲州市				勝沼町			
	総面積	田	畑	果樹園	総面積	田	畑	果樹園
2010年	1,669	12	52	1,605	705	0	7	698
	100%	1%	3%	96%	100%	0%	1%	99%
2015年	1,541	9	38	1,494	657	1	4	652
	100%	1%	2%	97%	100%	0%	1%	99%
2020年	1,408	5	32	1,372	637	1	5	631
	100%	0%	2%	97%	100%	0%	1%	99%

出所：農林水産省「農林業センサス」

3）甲州市のブドウ・ワイン産業の動向

　甲州市役所では日本におけるブドウ・ワイン発祥の地として、それらの振興を図るために、さまざまなブドウ・ワイン産業振興政策を講じている。まずは、甲州市全体としてのワイン振興にあたって、「甲州市ワイン振興計画」を2017年に策定した。この計画は10年先を展望し、さらなるワイン産業の発展を果たすために、原料ブドウの安定的な確保及び品質向上、栽培農家への生産支援、地元のワイン文化の涵養などを柱としている。

　こうした施策の中で重要なものとして、「甲州市原産地呼称ワイン認証制度」がある。この制度は、甲州市内及び山梨県内で収穫されたブドウを甲州市内の自社で醸造、原料ブドウの「原産地」を消費者に保証することで、そのワインの供給と普及を促進することを目的としており、いわば、ワインのトレーサビリティといえる。内容は、圃場、書類、官能、ラベル表示の4審査をパスしたワインのみ許される甲州市認証の称号となっている。こうした取り組みを全国の動きである「日本ワイン」の表示基準ができる前から行っていたことは、当地域のワイン産業への積極的な姿勢が伺える。

　さらに、甲州市内には45のワイナリーがあり、これらをめぐる「ワインツーリズム」を推進するためのワイナリーガイドを作成している。このガイドにはワイナリーの所在地の地図の他、各ワイナリーの営業時間や定休日、見学や試飲の可否などが示されている。

　この他、ワインを楽しむための拠点として、レストランやホテルを備えた「勝沼ぶどうの丘」が設置されており、この施設で毎年11月3日に「かつぬま新酒ワインまつり」が催されている。このように、甲州市では地域を挙げてワイン産業の振興を図っている。

図２−11　甲州市原産地呼称ワイン認証ラベル

出所：甲州市ＨＰ

4．大村春夫氏の果たした役割及び経営の展開過程

1）丸藤葡萄酒工業の現況と沿革
（1）丸藤葡萄酒工業の現況

　2021 年時点での丸藤葡萄酒工業の経営概要は**表 2 － 9**のとおりである。

（2）丸藤葡萄酒工業の沿革

　丸藤葡萄酒工業は 1890 年、大村治作氏によって創業され、2020 年で創業 130 年を迎えている。しかし、創業前に、治作氏の父親の大村忠兵衛氏が大日本山梨葡萄酒会社（現メルシャンワイン）に出資しており、その時から大村家とワインの関わりが始まっている。**表 2 － 10** に同社の沿革を示す。

2）丸藤葡萄酒工業の経営の概要
（1）組織体制

　丸藤葡萄酒工業は、製造部門、営業部門に加えて、栽培部門を有しているのが特徴的である（**図 2 － 12**）。これは、大村家がもともと地主であったことからまとまった広い畑があったためであり、ワイナリーとしてブドウの栽培を含めた先進的な取り組みができる体制となっていた。

　従業員は同社のワイン造りに憧れる若者からの就職希望が多く、その中から採用してきた。近年では IT 企業出身者などの中途採用なども行っている。

　また、従業員の福利厚生にも力を入れており、有給休暇の積極的な取得や産休・育休の充実、毎年行う社員全員での国内研修などを行っている。小規模事業所であるため、従業員間の有機的な関係が生産・販売面での要となっており、風通しの良い、フラットな組織

表 2 － 9　丸藤葡萄酒工業の経営の概要

商　　　号：丸藤葡萄酒工業株式会社
所 在 地：山梨県甲州市勝沼町藤井 780 番地
創　　　業：1890 年
代 表 者：代表取締役 大村春夫氏
資 本 金：10,000,000 円
従業員数：11 名（2021 年）
農地面積：2.5ha
生産品種：甲州（白）、シャルドネ（白）、ソーヴィニヨン・ブラン（白）、メルロー（赤）、 　　　　　カベルネ・ソーヴィニヨン（赤）、プティ・ヴェルドー（赤）など
生 産 量：98kl（2020 年　※コロナウィルスの影響あり）
売 上 高：203 百万円（2020 年　※コロナウィルスの影響あり）

表2－10　丸藤葡萄酒工業の沿革　　　　　　　　　　　　　　　　（敬称略）

年　　　月	経営展開上の主な出来事	備考
1877 年 4 月	大村忠兵衛、大日本山梨葡萄酒会社（現メルシャン）に出資。	ワインとの関わりが始まる
1890 年 5 月	大村治作、創業。 澄蔵、忠雄、春夫と受け継がれ現在に至る。	個人企業として創業
1950 年 5 月	個人企業から法人組織に改組。	企業としてのワイン造りに取り組む
1956 年 1 月	日夏耿之介先生よりブランド名「ルバイヤート」、「シャリオ・ドール」拝命する。	本格的にワインを販売すべく動き出す ペルシャの四行詩集から命名
1958 年 8 月	コンクリートタンクの建設開始。	
1960 年代～ 70 年代	サントリー、メルシャン、マンズワインなどの委託醸造を引き受ける。	大手ワインメーカーとの関係ができる
1976 年～ 1977 年	大村春夫フランス、ボルドー ITV(ぶどう、ぶどう酒研究所) 並びにボルドー大学第二醸造学部にて研修。帰国。	シュールリーの基本を身に着ける
1978 年 8 月	大手の委託醸造をやめ、自社ブランドのみ。 地下貯蔵庫の建設。	独自ブランドへ歩み始める 熟成ワインの重要性に向けて
1988 年 3 月	売店、利き酒コーナー設置。	ワイナリーに誘客するための施設
1988 年 4 月	第 1 回目「蔵コン」（ワイナリーコンサート）開始。	蔵からの情報発信スタート、ファン作り
1988 年 4 月	ルバイヤート甲州シュールリー製造開始。	味わいある辛口白ワインの誕生、現在、当社の主力商品になっている
1990 年 5 月	創業 100 周年を迎える。	
2005 年 8 月	2004 ルバイヤート甲州シュールリーが国産ワインコンクールにて金賞、カテゴリー賞受賞。以降何度か金賞受賞。	
2006 年 8 月	ルバイヤートブランド発売 50 周年記念ワイン発売。	
2009 年 6 月	トラディショナル方式（瓶内二次発酵）によるスパークリングワイン、エチュードルバイヤート発売開始。	
2010 年 5 月	創業 120 周年を迎える。	
2012 年 4 月	2011 ルバイヤート甲州 JW をロンドンへ輸出。	ブランド名に因み現代の四行詩を募集
2015 年 3 月	長期瓶熟成庫「紅葉蔵」竣工。	熟成タイプワインの将来を見据えて
2016 年 5 月	伊勢志摩サミットで 2012 ルバイヤートプティ・ヴェルド赤ワイン採用される。	
2017 年 2 月	母屋を改築した新社屋（事務所、売店、ゲストルーム）が完成。	
2018 年 6 月	「日本ワイナリーアワード」にて 5 つ星獲得。	以降 4 年間毎年 5 つ星獲得
2020 年 2 月	仕込み場と樽貯蔵庫 R 棟竣工。	
2020 年 5 月	創業 130 周年を迎える。翌年 3 月記念イベント。	ZOOM にて 130 周年記念イベント配信

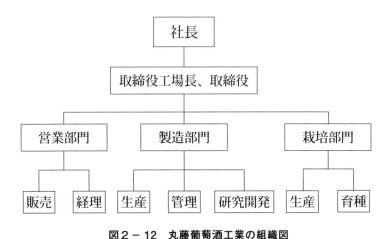

図2-12 丸藤葡萄酒工業の組織図

出所：丸藤葡萄酒工業

づくりを心がけている。

　さらに、従業員の専門力向上のため、国税庁醸造研究所、山梨大学、さらにはフランス留学など外部機関による研修を積極的に行っている。

（2）原料ブドウの生産・調達

　ワインは、穀類を原料とする清酒などとは異なり、**糖化**[8)]の工程がなく、ブドウの搾汁がそのまま発酵されるため、ブドウの品質が酒質の9割を左右すると言われている。このため、同社はブドウ栽培には特に力を入れている。フランスでの研修で身についたテロワールの考え方によって適地適作を基本としながら、気候の変化や新たな品種の導入に応じて栽培方法の改善を図ってきた。

　直営栽培園地は自作地2.2ha+借地0.3haの2.5haで、栽培品種は甲州種が約7割と大半を占めているが、その他にマスカット・ベーリーA等の生食・醸造兼用種、シャルドネ、カベルネ・ソーヴィニヨン、プティ・ヴェルド、ソーヴィニヨン・ブラン、メルロー、タナ、などの欧州系の醸造専用種を栽培している。栽培方法は、甲州種は現在も伝統的な**長梢剪定**[9)]の**棚栽培**[10)]が主体である。欧州系の醸造専用種は垣根栽培をいち早く取り入れている。栽培方法の選択については同社の特徴でもあり後述する。

　ワインの仕込みに使うブドウは約120トンである。大村家は古くからの地主であり、地域のワイナリーの中では広いブドウ畑を有している。直営栽培園地では、約35トンを

---

8)：デンプンを糖分に変えること。清酒の場合、主原料の米に糖分が含まれていないため、麹を使用し糖化させる必要がある。ワインの場合、主原料のブドウに糖分が含まれているため糖化は必要ない。

9)：芽を5つ以上残す剪定方法。樹勢をコントロールしやすいことが利点だが、木の特徴を把握するために経験が必要で、誰でも簡単に行えるとは限らない。

10)：一般的に広く知られているブドウの栽培方法で、生食用のブドウの主な栽培方法である。垣根栽培に比べて雨に強く、土壌から離れていることから病害虫や鳥害の影響を受けづらい反面、垣根栽培に比べ糖度が高くなりづらい。

生産しており、前述の6品種の他、試験的に生産している品種もある。その他の約45トンは、JA、親戚、知人などから仕入れている。さらに、醸造専用種のメルローを長野県塩尻市の契約農家から15〜16トン調達している。残りの数トンは近隣の農家との契約栽培や借地による栽培でまかなっている。近年生食用ブドウのシャイン・マスカットの生産が急速に伸びているため借地契約が切れた畑では継続を拒否される例もあり、ブドウ栽培用地の安定的確保が喫緊の課題になりつつある。

（3）ワイン生産の状況

丸藤葡萄酒工業で生産している商品はワイン（税法上は果実酒類果実酒）のみであり、大きな区分としてレギュラーワインとプレミアムワインを揃えている。

レギュラーワインはリーズナブルで高品質なワインを楽しんでもらうために720ml瓶が1,000〜2,000円台で赤、白、ロゼ、オレンジ、スパークリングロゼを揃えている。レギュラーワインの中でもベースグレードとなる「ルバイヤートワイン赤・白・ロゼ」はいずれもハーフ瓶(360ml)や一升瓶（1,800ml）もあり、消費者の日常的な飲用やレストランのハウスワインなどに使われている。

プレミアムワインは品質と製法を極めた豊かな味わいを楽しんでもらうために、産地と品種が厳選されており、750ml瓶が3,000〜7,000円台で赤、白、スパークリングを揃えている。2019年の日本ワインコンクールでは、「2017 ルバイヤート シャルドネ「旧屋敷収穫」」が金賞を受賞している。これは、本社近くの「旧屋敷」という名称の畑から収穫されたシャルドネ種のブドウを使っているという意味である。

丸藤葡萄酒工業全体としての近年の生産状況は以下のようになっている。

生産量に当たる移出量は年々減少傾向にあり、特に2020年度はコロナウィルスの影響で対前年比84%と大きく減少している。それに応じて、売上高も漸減傾向にあり、2020年度は2億円近くまで低下している。こうした中で、正確な単価ではないが、売上高を移出量で割ることで簡易的に求めた計算上の単価では2016年度の1,800円台から増加傾

表2−11　丸藤葡萄酒工業の生産の推移

年度	移出量 (kl)	対前年比	指数	売上高 (千円)	対前年比	指数	算出単価（円 /l）
2016	129	-	100	242,150	-	100	1,877
2017	123	95%	95	236,103	98%	98	1,920
2018	118	96%	91	230,644	98%	95	1,955
2019	117	99%	91	226,863	98%	94	1,939
2020	98	84%	76	202,959	89%	84	2,071
2021	95	97%	74	197,464	97%	82	2,079

出所：丸藤葡萄酒工業

向にあり、2020 年度は 2,000 円を超えている。このように、量的には微減傾向ながら商品の付加価値は向上している。これは、卸販売よりも消費者等への直接販売比率の増加やプレミアムワインの増加が寄与していると思われる。

（4）ワインの販路・販売上の特徴

酒類の流通は一般的には、ワイナリーや酒蔵から酒類問屋を経て小売店で販売され消費者に届く。また、外食などの業務用も酒類問屋を経てレストランなどで提供される。

同社では、まだ日本でワインがほとんど消費されていない時代から個人の顧客や飲食店に少しずつ直接購入してもらった経緯があるとともに、直接エンドユーザーの声も聞きたいということから直販比率が高い。最近では、個人消費者への直販比率 35.6%、小売り・卸問屋 59.8%、業務店 4.6% となっている。直販比率が高いと、中間業者のマージンを抑えることが可能であり、会社の利益率は高くなる。

また、同社は日本ワインの中でも比較的高単価を実現している。例えば、2019 年の日本ワインコンクール欧州系品種白で金賞を受賞した 5 銘柄のうち、同社を除く 4 銘柄の販売価格の平均は 2,754 円であるのに対して、同社の銘柄は 3,996 円となっている。これは、金賞受賞 5 銘柄中最も高く、4 銘柄の平均より 45% も高い。このように、同社のワインは高価格かつ高い利益率を実現しているのが特徴といえる。

販売促進方法も特徴的であり、営業マンはおかずに、地道にお中元、新酒、お歳暮の時期に合わせて年 3 回発行するダイレクトメール、ホームページ、フェイスブック、インスタグラムなどの媒体を通じて情報発信している。また、後述する「蔵コン（酒蔵でのコンサート）」で固定客を中心に関係性を維持している。

3）大村春夫氏の就業の過程
（1）生育環境と進路

現在の丸藤葡萄酒工業の当主である大村春夫氏は、3 代続くワイン醸造所である大村家において、男子 4 人兄弟の次男として 1951 年に生まれた。幼少期より家業のワイン醸造業を営む父親の背中を見て育ち、中学生の頃には葡萄畑で防除作業を行うなど、住み込みの従業員とともに家業を手伝ってきた。大村家では春夫氏の幼少期から長兄がブドウ栽培を担い、ワイン醸造は次男である春夫氏が担うという雰囲気があった。そのため、大村氏は地元の日川高校を卒業後、ワイン醸造を学ぶために醸造業の後継者が集まる東京農業大学農学部醸造学科に迷うことなく進学した。部活動では写真部の活動に力を注いだ。

（2）大学・試験所での学び

大学の醸造学科では元・国税庁醸造試験所長の鈴木明治先生の研究室で学びつつ、4 年時には洋酒類を研究する醸造試験所第三研究室で大塚謙一先生や戸塚昭先生の指導を受けた。卒業後すぐに丸藤葡萄酒工業に入社したが、会社から出向のかたちで引き続き 1 年間

第三研究室で研修生として両先生から指導を受けた。同研究室には東京大学や大阪大学で学んだニッカやサントリーの研究員も研修に来ており、勉強になるだけではなく大きな刺激を受けた。

（3）海外留学での学び

1年間の研修出向の後、丸藤葡萄酒工業で就業したが、1年ほどしてから業界関係者の紹介もあってフランスに留学する機会を得た。フランスではボルドー I.T.V（ぶどう・ぶどう酒研究所）及びボルドー大学第二醸造学部で学んだ。そこで、言葉の壁はあったものの、さまざまな知識を得た。特に、**デブルバージュ**[11]（白ワイン用のブドウ果汁の濁度を清澄化して調整すること）の技術を習得したことは、後に甲州種の白ワインを**シュールリー**[12]（澱の上で熟成させる製法）によって高品質化していく上での基礎となった。また、**シャトー**[13]やワイン市場を直接見ることができ、非常に有意義な経験をすることができた。特に当時は、シャトーでの研修を受け入れるようなこともなかったので、非常に貴重な経験であったが、それだけではなく従価税から従量税への変更、更にフランスワインとカリフォルニアワインの優劣を**ブラインドテスト**[14]で争い、フランスワインが新世界ワインであるカリフォルニアワインに負けたいわゆる**ワイン版「パリスの審判」**[15]なども身近で見聞した。また、フランスでは、留学に来ていた外国人や駐在の日本人と交流し、その人間関係は今日でも続いている。

4）丸藤葡萄酒工業の経営の特徴
（1）地域のワイナリーとのつながり

日本のワイン醸造の始まりとされる大日本山梨葡萄酒会社が1877年に旧勝沼町の一部にあたる祝村に作られた。この会社に春夫氏の4代前の大村忠兵衛氏が出資している。忠兵衛氏は当時地主で資金力があったと思われる。この時期から、同社には地域とともにワイン産業を興していく基礎ができたと考えられる。これは、ブドウという原料が農産物であり、農業あるいは農地と密接に関わっているためと考えられる。

また、勝沼にはメルシャンをはじめ、マンズワイン（キッコーマン）、サッポロワインなど大手ワインメーカーが進出しており、進出の際の支援を行った経緯がある。また、こうしたメーカーとはかつては原料ワインの供給を通じたつながりがあった。このため、ワインの醸造技術や製造設備の設計で協力関係にあった。現在でも技術面の交流は続いており、勝沼地区全体としてワインの品質向上に努めている。

---

11)：注1参照
12)：注2参照
13)：ボルドー地方でブドウ畑を所有し、すべてのワイン製造工程を行うワイン生産者に与えられる称号である。ただし、ボルドー以外の地方でも用いられることがある。
14)：顧客などの被調査者に対して商品の客観的な評価を収集する目的で、商品名・メーカー名などを伏せた形で試食・試飲などを行い、商品に対する意見を聞くテストのこと。
15)：注3参照

　さらに、同社の130年を越える歴史の中で残されている旧醸造所とコンクリートタンクが2019年に国の登録有形文化財に指定された。また、文化庁による「**日本遺産**[16]」において2020年に「日本ワイン140年史〜国産ブドウで醸造する和文化の結晶〜」が認定された。同社はこの認定において、構成文化財の一つに取り上げられた。これを機に地域への観光客の増大に貢献することが期待されている。

（2）ブランド名「ルバイヤート」の確立
　丸藤葡萄酒工業の主力のブランドネームは「ルバイヤート」である。1954年12月に詩人で早稲田大学や青山学院大学の教授を務めた日夏耿之介（ひなつ こうのすけ）氏が同社を訪れた際にワインを飲んでもらい、「これは美味しい」と喜んでもらった。その後、日夏氏にブランドネームの命名を依頼したところ、ペルシャの四行の詩集の名前から取った「ルバイヤート」、フランス語で、気持ちのよい、うっとりする、などの意味を持つ「アンシャンテ」、金の馬車という意味を持つ「シャリオ・ドール」の3つを提案された。この中から、他社での使用の有無などを考慮して「ルバイヤート」と「シャリオ・ドール」を採用することとなった。その中の「ルバイヤート」が主力のブランドネームとされた。「ルバイヤート」を書いた詩人はワインが好きで、ワインと美女とを歌った詩が多いという。現在ではこの「ルバイヤート」が同社を代表するブランドとして定着している。

（3）コンクールやマスコミによる高品質評価の確立
　酒類の品質の客観的な評価はコンクールで上位に位置づけられることである。我が国のワイン業界では2003年に第1回国産ワインコンクール（現、**日本ワインコンクール**[17]）が開催された。その際には、「ドメーヌルバイヤート」、「ルバイヤート甲州シュールリー」がともに銅賞を獲得した。その後、2005年の第3回で「ルバイヤート甲州シュールリー」が金賞を受賞し同社の名声は高まった。その後も銀賞、銅賞は毎年受賞するとともに、金賞も頻繁に受賞しており、業界において同社のワインの品質の高さの証となっている。
　また、2004年12月に発行された日本経済新聞のNIKKEIプラス1紙面、「何でもランキング」で、「お薦めの国産ワイン特集」が組まれた。そこに同社のワインが、赤ワイン5点中2点、白ワインでは6点中1点選ばれた。また、翌年2005年には同じ紙面の「おすすめワイナリー特集」で10社中3位にランクインし、反響があった。
　さらに、1998年の赤ワインブームでポリフェノールが健康によい、**フレンチパラドックス**[18]などの言葉が飛び交ったが、その後、坂道を転がり落ちるように売り上げが激減し

---

16)：文化庁が認定した地域の歴史的魅力や特色を通じて我が国の文化・伝統を語るストーリー。ストーリーを語る上で必要不可欠な有形・無形の様々な文化財群を総合的に活用する取り組みを支援している。

17)：日本ワインを対象とした国内唯一のワインコンクール。2003年から開催されている。

18)：フランス人は肉類をたくさん食べているにもかかわらず、心臓病での死亡率が低いことから言われるようになった「矛盾」を表すことわざのようなもの。フランス人は赤ワインをよく飲むことから、ワインに含まれるポリフェノールが原因ではないかと言われている。

た。2004 年、グルメ雑誌「DANCYU」12 月号で日本ワイン特集が組まれ日本ワイン注目 100 銘柄選定のなかでルバイヤート甲州シュールリーが甲州のお手本のようなワインと評され、売り上げが下げ止まり、徐々に回復し今日に至っている。

　近年では 2015 年に日本ワインコンクールで金賞を受賞した「ルバイヤートプティ・ヴェルド」（赤・フルボディ）が、翌年に開催された伊勢志摩サミットにおいて提供されている。このように、同社が早くから辛口ワインを手がけていたこともあり、品質の高さがコンクールやマスコミなど外部からの評価で実証され、その結果プッシュ型のマーケティング活動を行わなくても経営成果に結びつくこととなっている。

5）大村春夫氏の経営改革
（1）ブドウ生産における棚栽培と垣根栽培

　ブドウはつる性の木本植物であり、巻きひげにより支柱などに絡まりつつ成長する。山梨県をはじめ日本の生食用ブドウ生産は、人の背丈くらいの高さに棚を立て、そこに這わせる形でブドウを成長させて収穫に至る。一方、ワイン生産が盛んなフランスなどでは垣根に這わせる形でブドウを仕立てて収穫する。利点としては、密植が可能であり収量が高いことである。また、垣根栽培の際にブドウが結実する高さは 30 〜 40cm 程度であり、作業性も良い。そこで、フランスから帰国した大村氏は 1989 年に勝沼でいち早く垣根仕立てでのブドウ栽培を開始した。こうしたこともあり、近年では日本国内でもワイン用ブドウの生産に垣根栽培が多く導入されている。しかし、大村氏はフランスのワイン産地に比べて日本のワイン産地の気候は湿度が高いため、品種によっては垣根栽培で低い位置に結実するブドウに土壌の湿度の影響を受けて病害や腐敗が発生しやすく、棚栽培の方が成績がよくなることがわかった。このため、現在はワイン用ブドウの生産であっても日本国内の生食用ブドウと同様の棚栽培も導入している。このように、大村氏はブドウ生産においても常に研究的な姿勢で望んでいる。

写真 2 − 1　丸藤葡萄酒工業のブドウ畑（左が棚栽培、右が垣根栽培）

出所：筆者撮影

（２）辛口ワインへの挑戦

　1907年発売の赤玉ポートワインに代表されるように、当時は甘味ワインがワインの８割となっていた。このように、大正期から昭和期にかけて日本のワインは甘口が中心であった。その後も、甲州種でワインを造ると皮の厚さからワインに渋みが残り、それを抑えるために甘みを残したワイン造りをしていた。

　しかし、甘いワインは食事との相性が悪く、取引のあった東京・荻窪のフレンチレストランのシェフより辛口のワインづくりを求められていた。大村氏はこれを一つの契機としてシュールリー技術による高品質な甲州種辛口ワインづくりに取りみ始めた。シュールリーの商品化は当時すでに大手ワインメーカーによりなされていたが、甲州種の果皮の厚みからくる渋み問題を克服し、それを実現したのは大村氏がフランスで学んできたデブルバージュの技術によるところが大きい。そして1988年に「ルバイヤート甲州シュールリー」を発売した。これは、淡泊な味になりがちな辛口ワインを独特な香りとアミノ酸などに由来する深い味わいを醸しだし、同社の代表商品に成長している。

（３）桶売りから自社ブランド販売への転換

　山梨県、特に勝沼町はブドウ生産に適しており、戦前からのワインの産地であった。このため、高度成長期に食の洋風化が進むとともに国内有力メーカーがワインの将来性を見込んで山梨県に醸造場を進出させてきた。そうした中で、同社はサントリー、メルシャン、マンズワインなどから委託醸造引き受けるようになってきた。

　しかし、1977年に春夫氏がフランス留学から帰った後は、独自ブランドを重視することが重要であるという考え方から、1978年からは大手ワインメーカーからの委託醸造をやめて自社ブランドのみとした。当時は思い切った決断と思われるが、これがあったからこそ現在のルバイヤートブランドを生かした高品質なワイナリーという地位を築くことができたのである。

（４）「蔵コン」によるファンづくり

　自社ワインのＰＲのために観光客向けにワイナリー見学を提供しているワイナリーは多い。甲州市のワイナリーでも30以上で実施されており、もちろん丸藤葡萄酒工業でも実施している。しかし、ワイナリー見学は当日の売上には貢献するものの、固定的なファンづくりという点では弱い。

　そうした中で、1987年７月にＪＲ東日本が東京駅の丸の内北口ドーム内でコンサートを開いた。これは、通称「エキコン」と呼ばれ、国鉄からＪＲへの「民営化の象徴」として注目を集めた。大村氏はこの「エキコン」を参考に、ワイン蔵でのコンサート、題して「蔵コン」を考えついた。

　そこで、1988年４月に初回の「蔵コン」をワイナリーの地下倉庫を活用して開催した。「蔵コン」は二部構成で第一部はワイナリー前庭及び畑でワインパーティーを開催し、第二部

写真2−2　地下のワイン貯蔵庫で開かれる蔵コン

出所：丸藤葡萄酒工業

として地下貯蔵庫特設会場でコンサートを開催している。1988年の第1回はシャンソン歌手、第2回はカントリー＆ウエスタンの歌手など幅広いジャンルから毎年有名な歌手を呼んでいる。現在でも毎年4月に開催し、200名程度の参加者がある。参加者の募集方法は、過去の来場者へのダイレクトメール、ホームページへの掲載、メールマガジンなどでの案内にとどめており、マス媒体での募集はしていない。

　この「蔵コン」はワイナリー見学に比べると、年間の参加者数は少ない。加えて、募集方法も地味で基本的に受け身であるため、強く希望する人のみが参加するものと思われる。このため、コアなファンづくりに寄与している。これも丸藤葡萄酒工業の経営姿勢が非常に良く表れている取り組みと言える。

5．丸藤葡萄酒工業の経営戦略の特徴

1）中小企業の究極の姿といえる「最適規模経営」

　経営戦略を教科書的に言うと、以下のようになる。まずは揺るぎない経営理念を設定し、社内外に周知する。その上で、自社を取り巻く経営環境と自社内の経営資源を分析し、自社の存在領域（ドメイン）を定める。さらに、企業が成長するように高めの経営目標を設定する。その目標を実現するために、長期・中期・短期の経営計画を策定し、社内の各部門が一丸となって努力する。製造部門はコストダウンを徹底し、販売部門は広告やセールスに資金や人を投入し、時には顧客の要望に沿って値引きにも応じ、とにかく販売量の拡大をめざす。新人採用も人材エージェントの活用を含め幅広く募集し、なるべく優秀な人材を採用する。

　しかし、丸藤葡萄酒工業の経営はこれとは真逆の経営を実践している。大村氏自身は経

営理念などの必要性は感じているものの、これまで明示するには至っていない。また、長期的な経営戦略や経営計画も策定していない。自社を取り巻く経営環境は意識しているが、特に経営戦略策定のためには実施していない。自社内の経営資源の分析といっても、社員11 名、パート 5 名の体制で、事務所も 1 カ所にあり、大きく変動しないため、これらの強みや弱みを改めて分析する必要はない。また、営業マンはおかないし、採用も公募ではなく希望者が門を叩く形で受け入れている。

　これは、ワイン自体が成熟した商品であり、市場全体として急成長するものではなく、毎年地道に同じことを行うなかで、品質向上をめざしていくという特性があるからである。

　その背景として、大村氏は会社の規模拡大は念頭になく、「最適規模経営」を志向しているためである。教科書的な経営戦略は中堅規模以上の企業での適用を想定したものであり、それを丸藤葡萄酒工業のような小規模な企業にそのまま当てはめるのは適当ではない。

2）質の追求で実現するプル型マーケティング

　マーケティングを構成する要素として、4 P といわれるマーケティングミックスがあり、一貫性が重要になる。丸藤葡萄酒工業のマーケティングミックスを整理すると下表のようになる。

　すべての出発点が、高品質のワイン造りをしたい、ということであり、長年にわたりそれを実現することで、価格、流通経路、販売促進のいずれもが整合性を持ってつながっており、利益率の高さにつながっている。この利益率の高さは、研究開発や人材育成、原料の質の維持などの原資となっており、それがさらに製品の質の高さにつながるという好循環が形成されている。この好循環形成にあたっての重要な点は前項に示したように「最適規模経営」を維持していることといえる。

表 2 － 12　丸藤葡萄酒工業のマーケティングミックスの分析

Product（製品）	【最高品質の追求】 同社のワイン造りは畑と一体であり、規模拡大には限界がある。このため、量の追求ではなく、自他共に認める質を追求したワイン造りを行っている。
Price（価格）	【高めの価格設定】 長い歴史、外部からの高い評価、固定客の存在などが他社のワインよりも高めの価格設定を可能としている。これが利益率の高さにも貢献している。
Place（流通経路）	【高い直販比率】 当初から固定客への直販が多いとともに、量をさばく必要がないため中間業者への過度な依存が不要。このため、利益率が高い。
Promotion（販売促進）	【パブリシティの重視】 第三者評価であるコンクールやマスコミ露出などパブリシティ活用による販売促進を重視し、営業に人や資金をかけすぎない。蔵コンは固定客づくりに寄与している。

出所：筆者作成

3）プル型人材確保育成戦略

丸藤葡萄酒工業は人材面でも大きな特徴を有している。社員数は11名と限られていることもあり、積極的な採用を行わず、社員の多くは自ら同社に求職して入社する。地元の山梨大学には全国で唯一の「ワイン科学特別コース」があり、「ワイン科学研究センター」も有している。こうした機関で教育・研究を受けた若者がワイン産業に専念できる環境が整っている。

人事労務管理システムの基本は、放任主義を軸にした自由度ある対応であり、自社ブドウ農場の一部を従業員による自主管理農場として、自由な発想に基づくワイン造りを認めている。また、こうした中で、従業員に対して酒類総合研究所や山梨大学、さらには海外での研修機会も設けている。社内の部署が大きく3つに分かれているが、部署間で繁閑の差に応じて応援態勢があるなど、セクショナリズムもなく、従業員間での知識の共有と切磋琢磨し合う構造が形成されている。加えて、所得も周囲のワイナリーの従業員よりも高めに設定している。

こうした人事労務管理システムが社員の向上心を引き出して、従業員の定着やさらなる品質向上につながるとともに、そうした環境に憧れて入社を希望する若者へのアピールにもつながっていると考えられる。

6．今後の展望・課題

大村氏は、でき上がったワインボトルとお金だけの交換という商売よりも以前から推進していたビジターズ・インダストリーの一翼を担う取り組みをさらに推し進めて、ワイナリーに来場してくれる人を増やし、日本のワインの歴史、香りや味わいの奥深さ、料理との相性などワインの楽しさを学ぶ機会が創出できればと思っている。また、ぶどう栽培のことなどを知識として吸収したがる愛好家も多く、こういった人たちの期待にこたえられるようなプログラムも必要と感じている。勝沼には30社以上のワイナリーが集積し、東京にも近いのでワインツーリズムなどをしやすい地域であると思っている。こうした点は、甲州市におけるワイン産業振興の考え方とも通じるところがある。後継者も既に同社に勤務していることから、同社の基本的な考え方や経営の方向性は大きくぶれることなく今後も上記のように地域一体となって、ワイン産地およびその中心的なワイナリーとして発展していくと思われる。

そうした中で、課題も抱えている。まずは原料供給面である。ワイン造りの基本はブドウ作りであり、ブドウが良くなければ決して良いワインは生まれないことから、基本のブドウ栽培にさらに力を入れてゆきたいとしている。しかし、少子高齢化によりブドウ栽培の担い手不足が起きている。さらにはシャイン・マスカットのような高値で販売できるブドウの登場でワイナリーが必要とするブドウの栽培面積が減りつつある。2.5haの自園があるとは言うもののワイナリー自身が畑をもっと拡大し管理運営する準備をさらに進めて

ゆきたいとしている。

　販売面では、少子高齢化に伴う国内市場の縮小は避けられないと感じている。このため、海外販路もロンドン市場に過去に8年間ほど挑戦し、2年で計1,000本ほどは輸出したがハードルは高い。現在はアジア圏で香港、台湾、シンガポール等に少量輸出しているがさらに強化することとしている。

　現在も国内、国外ともに、たくさんのワイナリーが高品質のワイン造りを目指しており、こうした競争に勝ち残っていくために、品質向上に不断の努力が求められる。

＜課題1：丸藤葡萄酒工業は1978年に大手ワインメーカーからの委託醸造をやめて自社ブランドのみとした。この経営上の意思決定にあたって、当時の社長の立場に立って、メリットとデメリットを整理したうえで、自社ブランドへの転換を図った意図を推察しなさい。＞

＜課題2：丸藤葡萄酒工業はプル型マーケティングを採用しているといえる。このプル型マーケティングのメリットとデメリットおよびプル型マーケティングが可能な条件を詳細に検討しなさい。＞

＜課題3：ワイン産業を核とした「ビジターズ・インダストリー」を盛んにするためには、どのようなステークホルダーが関与すべきか、また各々のステークホルダーはどのような努力を行うべきかを述べなさい。＞

【参考情報】東京農大経営者フォーラム2021
東京農大経営者大賞受賞記念講演　大村 春夫氏

　皆さん、こんにちは。丸藤葡萄酒の大村と申します。山梨でワインを造っております。本日は東京農業大学の経営者大賞を頂戴しまして、誠にありがとうございました。これを励みに、なお一層おいしいワインを造っていきたいとあらためて感じているところであります。

　本日は「ワイン造り130年の歩みとこれから」というテーマで、お話ししたいと思っています。最初に、学生時代の思い出の話をします。私は1970年に醸造学科に入学して1974年に卒業しています。私が農業大学に入った時には、山本泰先生と小泉武夫先生が主任の先生でした。ここで醸造の基礎をいろいろ勉強させていただいて、今のワイン造りがあると思っています。当時は日本酒メーカー、醤油屋、味噌屋、焼酎屋など醸造業界の子弟が多かったように思います。ワインメーカーは私しかいませんでしたが、後にほかの学科だった人がワインに参入してきて、今は大の親友になっています。山梨の田舎から出てきたので東京が非常にまぶしく映りました。仲良くしていた味噌屋の息子など車に乗っ

てくる学生が4、5人いました。当時、スカイライン2000GTRというカッコいい車に乗ってくる長野の味噌屋の息子がいて、豪徳寺の家から車で通っていました。彼がジャズのサクソフォーンを吹いていて、本田竹広という有名なジャズ奏者と一緒に公会堂で演奏していることを見て、「いやあ、すごいなあ」と思ったものです。もう一つ驚いたのは、広島の醤油屋の息子と兵庫県の有名な日本酒メーカーの息子の2人はゴルフ部だったのでゴルフバッグを担いで大学に来ていました。山梨でゴルフのゴの字もないような時代に「学生でゴルフやるのか」と随分驚いたものです。部活は写真部で、新宿で写真を撮ったり、秩父への古寺巡礼の写真を撮ったりしていました。

　私は、まだ農大醸造学科の中にワインの専門部署がなかった時代なので、鈴木明治先生という方が国税庁から大学の教授になって来られていましたので、4年の卒論の時には鈴木先生の引率で、東京の滝野川にあった醸造試験所にお邪魔していました。そこで卒論をやった後、会社に入ってからも1年間醸造試験所で勉強させていただいて、都合2年間、醸造試験所でワインのいろいろなことを教わりました。

　私たちは明治23年創業のワイナリーで、去年で130年経ちました。私で四代目ということで、細々ですけれどもワイン造りを行っています。新潟県に岩の原葡萄園という有名なワイナリーがあります。ここは川上善兵衛さんという方がマスカット・ベーリーAというブドウを品種交配した有名なワイナリーで、われわれとスタートが一緒です。

　ワインは、日本酒、ビール、ウイスキー等と違って穀類の酒ではないので、原料の移動が遠くまでできません。ですので、風土を色濃く映すお酒ということで、私が勉強した頃は、フランスのワインは「ミクロクリマ」と言っていました。「微気象という意味で、ボルドーにだけ特別にある気象のおかげで、良いワインができる」と彼らは言っていました。しかし、カリフォルニアとかチリ、アルゼンチン、オーストラリア、ニュージーランド、南アフリカ等々でだんだん良いワインができるようになると、フランスの人たちは何と言いだしたかというと「テロワール」という言い方をするようになりました。テロワールとは細かい意味では土壌とか土地というような意味ですが、私が尊敬するメルシャンワインの麻井宇介さんという方から「おいしいワインを造るという高い志を持った人間の営みもテロワールの中に含まれる」ということを教わりました。確かにそうだ、気候風土が良くて土壌も良くておいしいワインができればそんなに苦労はないのだけれども、おいしいワインを造るという高い志を持った人の営みが大事だ、と思うようになりました。

　今、自社で管理している畑は約3ヘクタールあります。中堅どころのワイナリーの中では、いち早く垣根栽培にトライしたという経緯があります。日本のワインは関税を高くして守られていたのですが、今から32年ぐらい前に、海外から安くておいしいワインが、どんどん日本に入って来ました。日本が車やコンピュータや家電品を売ると、海外から「安くておいしいワインを買ってくれ」ということで、関税を安くせざるを得ないということでした。今のTPPとかEPA交渉みたいなことと同じようなことでした。このまま日本のワイナリーはつぶれていくのではないかという思いに駆られて、あと2年経ったら創

業100年なので100年経ったらいつやめてもいいと、うっすら思っていましたが、どうせやめるなら悔いを残さないようにやめたいということで、それまでやってなかった垣根栽培に挑戦しました。私どもはキッコーマン（ワイン部門は後にマンズワインとして分離）と関係があったので、マンズワインがレインカットという栽培方法を取り入れた垣根栽培でブドウ栽培を始めていました。勝沼の中堅どころのワイナリーの中で、私どもが最初にカベルネ・ソーヴィニヨンを垣根で植えました。そんなことをして何とか生き残るための策を考えていた時代が今から30年ぐらい前の話です。

　私たちの歴史ですけれど、明治10年に、今のメルシャン（当時は大日本山梨葡萄酒会社）が2人の青年をフランスに派遣するのですが、株式会社組織でないと政府の役人に連れていってもらえないということで、私の四代前の大村忠兵衛がこの会社に出資しました。山梨県の知事、当時は県令といっていましたが、藤村紫朗という人もここに出資しています。つまり大久保利通等々、明治に活躍していた人たちが近代化ということを急いでいました。その一環で殖産興業ということを山梨県にも言われ、山梨県にはブドウとワインがあるから、ワインでひとつ磨きをかけろと言われて2人の青年をフランスに派遣したのが、今の日本のワインの始まりです。もちろんほかでワインを造っていたところもありますが、産業として発達したのはたぶん勝沼だろうと思います。明治23年に、忠兵衛の長男の治作がワイン造りの正式な免許を取ってスタートしています。二代目澄蔵、三代目忠雄、四代目の私にと継がれて今に至っています。跡取りは私と一緒に今ワイン造りをやっていますので、彼が一生懸命やってくれるだろうと期待しています。

　昭和31年に日夏耿之介（ひなつ こうのすけ）先生という方が、私どものワインのブランド名を付けてくれました。それまでブランド名はなかったのですが、今は「ルバイヤート」というペルシャの四行詩の詩集の名前がブランド名に付いています。昭和33年ぐらいから、コンクリートタンクを造ったりしてきました。1977年に私がフランス留学から帰ってきて、半地下式の貯蔵庫など、いろいろな建物を造ってきました。

　1988年、「甲州シュールリー」という辛口の甲州種のワインを造るのですが、これはメルシャンが1984年に83年産の甲州種で「東雲甲州シュールリー」というワインを造り、これを飲んだ時に私は「甲州種で、こんなにおいしいワインができるのか」と思って、うちでも4年後に「シュールリー」というワインを造りました。当時まだ日本のワインでは、「赤玉ポートワイン」に代表されるように、甘口のワインでないと売れないという時代が長く続いていました。しかし、私どものお客さんにレストランの方がいまして、そのシェフから「今回送ってきたワインは俺の料理に合わねえ」ということを言われて、「じゃあ、あんたの料理に合えばワインを使ってくれるのね」ということで、腕によりを掛けて辛口ワインをどんどん造っていくことになりました。

　1989年、まだワインが売れない時代に、蔵からの情報発信として蔵でコンサートをやりました。通称「蔵コン」と言っています。東京駅で駅コンがあると聞いて、駅でコンサートをやるのだったらワイナリーの蔵でやったら面白いということで、34年ぐらい前から

始めています。

　平成 2 年に創業 100 周年を迎えました。新レインカットといって、マンズワインがレインカットという技術を公開してくれていたのですが、そのレインカットの新しいやり方がこの頃から出てきます。平成 12 年に創業 110 周年を迎えています。この頃から日本ワインコンクールが始まって、私どものワインも金賞をもらったりすることが増えてきました。「ドメーヌ ルバイヤート」というのが私どものフラッグシップのワインです。平成 21 年には、シャルドネというブドウで瓶内二次発酵という、いわゆるスパークリングワインを造り始めます。平成 22 年になると創業 120 周年になり、平成 27 年に長期熟成用の樽貯蔵庫「紅葉蔵」を竣工します。平成 28 年には、2012 年の「プティ・ヴェルド」というワインが伊勢志摩サミットで採用されて、各国の首脳に供されました。平成 29 年には母屋をリノベーションして事務所と売店とゲストルームを作って、今そこが新しい事務所になっています。この年にはコンクールで結構、賞をいただきました。平成 30 年にワイナリーを褒めてくださる日本ワイナリーアワードが民間団体により始まり、始まって以来 4 年間連続で五つ星をもらっています。

　昭和 33 年から 35 年に建造したコンクリートタンク、それから旧事務所、醸造所が登録有形文化財に指定されています。1960 年代は本当に手探り状態でいろいろなことをやっていました。1977 年からは欧州系品種への挑戦をして 1988 年から垣根栽培を始めました。欧州系品種で垣根栽培をやったのですが、日本は秋雨が多いので、ブドウの若い頃は酸が高くて糖度も低いので病気になりにくいのですが、糖分が上がって酸が減ってくると、皮がやわらかくなって病気になりやすいのです。ここ 3 年ぐらい、晩腐病という病気で悩まされています。何とかならないのかなという感じを毎年持ちながら、今年は少し高い位置でブドウを収穫できるようにしましたので、垣根からまた棚栽培に戻るような感じになってきます。今は気候変動ということが大きな問題で、私共のブドウ畑では、南フランスのローヌなどの比較的暖かい産地の品種も試験的に栽培しています。ボルドーのように厳格な産地では、植えていい品種が決められています。

　日本では大体 7 回のワインブームが起こっています。私がワインの勉強をした頃は国民 1 人当たり 200cc ぐらいの消費量でしたが、今は 3 リットルを少し超えました。あの頃から比べるとすごいなという時代になりました。今、日本でワインを知らない人はいないと思いますけれど、勉強を始めた頃から 45 年ぐらい経って日本でもワインが大ブームになってきました。また、赤ワインブームというのも起こりました。

　当初は生きていくためのワイン造りだったものが今、企業としてのワイン造りになってきて、高品質なワイン造りを目指して今頑張っています。特にブドウ栽培に力を入れるようになりました。ワインの品質は 90％がブドウで決まると言われているような時代ですので、良いブドウを作れば良いワインができるというのは鉄則だと思います。さらに、野生酵母を使うということが随分増えてきました。先祖返りじゃないですけれども、乾燥酵母、いわゆるセレクションされた酵母を使うよりも、いろんなブドウに付着している酵母

のほうが複雑で面白いねという時代になってきましたので、ワインを売るというよりも、ワインの周りにある文化を売るというのが、これからの時代なのだと思います。東京から私どものワイナリーは近いので、ビジターズ・インダストリーということも考えています。ワイナリーツアーも盛んに行われるようになりました。そういうことも踏まえて、売店を奇麗にしたり、ゲストルームを作ったりしていますけれど、こういうことが一段と進んでくると思います。

　最後に、私どもの「ルバイヤート」というブランド名はペルシャの古い詩集の名前なのですが、11 世紀の詩集で、建設的な詩は一つもなくて、退廃的な詩が多いのですけれど、87 番の詩を皆さんに紹介します。

　「恋する者と酒飲みは地獄に行くという／根も葉もない戯言（たわごと）にしかすぎぬ／恋する者や酒飲みが地獄に落ちたら／天国は人影もなくさびれよう！」という詩なので、今ここにいる皆さんは、もう天国に行かれないということですね。酒飲みであったり恋する者であったりするので、天国には皆さん行かれないのですけれど、そんな天国に行っても仕方ないので地獄で楽しくやりましょうという詩です。私どもで、こういう四行の詩を付けていただいたのが、130 周年のちょうど半分ぐらい 65 年ぐらい前なので、とても大事にしていきたいと思っています。今日ご覧になっている学生の皆さんでも、ぜひワイン業界に来ていただいて、おいしいワインを造ることに一緒に協力してくれるとありがたいと思います。

　今メルシャンが「日本を世界の銘醸地に」という合言葉を掲げて、11 月の 7 日ぐらいに「勝沼ワイナリーフェスティバル」というイベントを開いていて、私どももメルシャンと一緒に情報発信をしています。メルシャンとか、マンズワインとか、サントリーとか、サッポロとか大手が、中堅ワイナリーにいろんなことを今まで教えてくれたおかげで我々が今、良いワインが造れるようになったので、これを忘れちゃいけないなと思っています。

　これからも良いワインを造っていきますので、皆さんも、ぜひ日本のワインを応援してください。よろしくお願いします。ご清聴ありがとうございました。

【注】

注 1 ：デブルバージュとは、果汁の不純物を発酵前に取り除く、発酵前の果汁（マスト）を清澄化する作業のこと。主に品種特性を表現した白ワインを造る際に行われる。圧搾した果汁には、濁りがあり、そのまま白ワインの発酵を行うと、重たい酒質になったり雑味が出たりすることがある。それを避けるため、搾った果汁を一晩タンク内に静かに置き、濁り成分をタンクの底に沈ませる。その後、きれいな上澄みの果汁だけを別タンクに移し、発酵を始める。日本ワイン検定事務局著遠藤利三郎監修 (2021)「日本ワインの教科書－日本ワイン検定公式テキスト」p145 を一部改変．

注2：シュールリーとは、フレッシュさ、果実香を保ちつつ、酸化しにくい強い酒質を得るために行う。フランス・ロワール地方で造られるミュスカデの伝統的な製法技術であるとともに、ブルゴーニュのシャルドネなど長期熟成型ワインにも広く採用されている技術である。発酵が終了した後、酵母を取り除かずにそのまま熟成する技術をいう。日本ワイン検定事務局著遠藤利三郎監修 (2021)「日本ワインの教科書－日本ワイン検定公式テキスト」p146.

注3：ワイン版「パリスの審判」とは、それまで最高品質とされていたフランスワインよりカリフォルニアワインがブラインドテストで高い評価を得たできごとのこと。ワインスクール「アカデミー・デュ・ヴァン」の創始者であるスティーヴン・スパリュアがアメリカ独立 200 年を記念し、1976 年当時ワインづくりが盛んになっていたカリフォルニアワインを盛り上げるべく、フランスワインと比べて比較する企画をパリで行った。この企画で赤白共にカリフォルニアワインが 1 位を獲得し、また何本もフランスワインに引けをとらない評価を受けた。審査員はフランス人のみだったことも含めて世界に衝撃を与え、フランス以外でも高品質ワインを製造することができることを証明したできごとになった。

【参考文献・ウェブページ】

［1］アサヒビール「まるわかりワイン講座　ワインの分類」（最終閲覧日：2023 年 1 月 15 日）

　https://www.asahibeer.co.jp/enjoy/wine/know/wine/1_1.html

［2］勝沼ワイン協会・塩山ワインクラブ（2022）「甲州市ワイナリーガイド」
　日本ワインの基礎知識 - 日本ワイナリー協会（最終閲覧日：2023 年 1 月 14 日）
　https://www.winery.or.jp/basic/knowledge/

［3］気象庁「勝沼　平年値（年・月ごとの値）主な要素」（最終閲覧日：2023 年 1 月 15 日 ）https://www.data.jma.go.jp/obd/stats/etrn/view/nml_amd_ym.php?prec_no=49&block_no=0433&year=&month=&day=&view=

［4］気象庁「東京　平年値（年・月ごとの値）主な要素」（最終閲覧日：2023 年 1 月 15 日）
　https://www.data.jma.go.jp/obd/stats/etrn/view/nml_sfc_ym.php?prec_no=44&block_no=47662&year=&month=&day=&view=

［5］公益財団法人日本食肉消費総合センター「フレンチパラドックス french paradox」（最終閲覧日：2023 年 1 月 14 日）
　http://www.jmi.or.jp/info/word/ha/ha_134.html

［6］国税庁「酒税法における酒類の分類及び定義」（最終閲覧日：2023 年 1 月 15 日）
　https://www.nta.go.jp/taxes/sake/shiori-gaikyo/shiori/2018/pdf/006.pdf

［7］国税庁（2022 年 6 月）「第 146 回国税庁統計年報書令和 2 年度版」（最終閲覧日：2023 年 1 月 15 日）

https://www.nta.go.jp/publication/statistics/kokuzeicho/r02/R02.pdf

［8］国税庁課税部酒税課（2020 年 2 月）「国内製造ワインの概況（平成 30 年度調査分）」（最終閲覧日：2023 年 1 月 15 日）

https://www.nta.go.jp/taxes/sake/shiori-gaikyo/seizogaikyo/kajitsu/pdf/h30/30wine_all.pdf

［9］国税庁課税部酒税課・輸出促進室（2022 年 3 月）「令和 4 年 3 月酒のしおり」（最終閲覧日：2023 年 1 月 15 日）

https://www.nta.go.jp/taxes/sake/shiori-gaikyo/shiori/2022/pdf/000.pdf

［10］総務省「国勢調査（就業状態等基本集計）」（最終閲覧日：2023 年 1 月 15 日）

https://www.e-stat.go.jp/stat-search/files?page=1&layout=datalist&toukei=00200521&tstat=000001136464&cycle=0&tclass1=000001136467&tclass2val=0

［11］総務省「国勢調査時系列データ」（最終閲覧日：2023 年 1 月 15 日）

https://www.e-stat.go.jp/stat-search/database?page=1&layout=datalist&stat_infid=000001085993

［12］総務省「令和 2 年国勢調査」（最終閲覧日：2023 年 1 月 15 日）

https://www.e-stat.go.jp/stat-search/database?page=1&layout=datalist&stat_infid=000032142402

［13］日本ワイン検定事務局著遠藤利三郎監修 (2021)「日本ワインの教科書－日本ワイン検定公式テキスト」

［14］農林水産省「市町村の姿　グラフと統計でみる農林水産業　基本データ　山梨県甲州市」（最終閲覧日：2023 年 1 月 15 日）

http://www.machimura.maff.go.jp/machi/contents/19/213/index.html

［15］農林水産省「2020 年農林業センサス 確報 第 2 巻　農林業経営体調査報告書　－総括編－」（最終閲覧日：2023 年 1 月 15 日）

https://www.e-stat.go.jp/dbview?sid=0001926068

［16］農林水産省「2020 年農林業センサス 第 1 巻　都道府県別統計書（山梨県）」（最終閲覧日：2023 年 1 月 15 日）

https://www.e-stat.go.jp/stat-search/files?page=1&layout=datalist&toukei=00500209&tstat=000001032920&cycle=7&year=20200&month=0&tclass1=000001147146&tclass2=000001155386&tclass3=000001161247

［17］葉山考太郎 (2022)「ワイン史を変えた！「パリスの審判」とは？」エノテカオンライン，（2022 年 5 月 28 日）（最終閲覧日：2023 年 1 月 14 日）

https://www.enoteca.co.jp/article/archives/6255/

［18］文化庁「日本遺産ポータルサイト日本遺産とは」（最終閲覧日：2023 年 1 月 14 日）
https://japan-heritage.bunka.go.jp/ja/about/

［19］まるき葡萄酒「歴史に裏付けられた革新」（最終閲覧日：2023 年 1 月 14 日）
https://www.marukiwine.co.jp/history.html

［20］山梨県「日本ワインコンクールとは -Japan Wine Competition-」（最終閲覧日：
2023 年 1 月 14 日）
https://www.pref.yamanashi.jp/jwine/jwcmain/jwcinfo.html

第3章

世界とつながり香り高いコーヒー文化を創造する
－茨城県ひたちなか市・サザコーヒーの展開－

下口ニナ・今井麻子・井形雅代・Dia Noelle Fernandez Velasco
・松本芽依・熊谷達哉・田中雅弘・今村祥己

1．はじめに

　コーヒーのもつ独特の風味には多くのファンがおり、コーヒーを提供してくれる喫茶店やカフェも街々にあふれている。

　高度経済成長のころから喫茶店が急速に拡大する一方、インスタントコーヒーや缶入りコーヒーなど、コーヒーの製造技術も発達し、家庭でも簡単に楽しめるようになった。さらに、1990年代頃から海外のコーヒーチェーンが上陸し、コーヒーの種類や関連商品、そしてコーヒーを楽しむシーンも多様化の一途をたどっている。

　株式会社サザコーヒー（以下、サザコーヒーと表記）は、茨城県ひたちなか市（旧勝田市地区）に位置している。本ケースの主人公である鈴木太郎氏の祖父にあたる富治氏が、1942年、勝田駅近くの現本社・本店のある場所に映画館兼劇場を購入したことにはじまり、コーヒー業界への参入は、1969年、父の誉志男氏が喫茶部門を開業し、次第に店舗数を拡大しつつコーヒー豆の焙煎を開始したことが基礎となっている。太郎氏は、1999年にサザコーヒーに入社すると、父の跡を継ぎ、海外での農園経営、最新焙煎機の導入、首都圏への出店、包装資材の改良やユニークなネーミングの商品の発売などを次々に展開し、業界でも注目される企業に発展させてきた。

　本章のケースでは、コーヒーという嗜好性の強い商品の独自の価値を高めてきた鈴木太郎氏の歩みと、近年のコーヒーをめぐる動向を踏まえ、サザコーヒーの販売・マーケティングの成功要因を学んでいきたい。

2．コーヒーをめぐる動向

1）コーヒーの概要

　コーヒー（植物としては**コーヒーノキ**[1]）の原産地はエチオピアと考えられており、その後、アラビアに伝えられたとされる。コーヒーが本格的に飲用に供されるようになったのは10〜11世紀頃で、15世紀末頃に飲酒を禁止されているイスラム教徒に熱狂的に愛されるようになったとされている。16世紀末から17世紀初め頃にヨーロッパに伝わり、ほどなく、オランダから日本へも伝わっている。コーヒーは数百年の時をかけ、世界で最も愛される飲み物の一つとなった。

　ひと口にコーヒーといっても、その風味は千差万別で、カップの数だけあるといっても過言ではない。現在、飲用されているコーヒーの品種は**アラビカ種・カネフォラ種（ロブ**[2]

1）：コーヒーノキ（Coffea）はリンドウ目アカネ科コーヒーノキ属に属する植物で多くの亜属や種に分類される。コーヒーチェリーと呼ばれる果実をつけこれにカフェインが含まれている。果実から皮や果肉を取り除くと生豆となり、これを焙煎（ロースト）するとコーヒー色のコーヒー豆となる。

2）：アラビカ種（Coffea arabica）は飲用されるコーヒー全体の60〜70%を占めているといわれ、広く一般的に好まれる味わいを持つ一方、標高1000〜2000mの熱帯高地で栽培されるため、霜、乾燥、病害虫などにも弱く手間がかかるのが特徴で、栽培が難しい品種とされる。アラビカ種は自生していたエチオピアから複数のルートで広がるなかで、様々な個性をもった種が誕生した。

スタ種）・リベリカ種で、このうち、アラビカ種・カネフォラ種がほとんどを占めている。アラビカ種は豊かな風味をもちストレートでも愛飲され、後述する「ゲイシャ」もこのアラビカ種に含まれる。コーヒーは品種自体がそれぞれの特徴をもち、さらに、精製、輸送、貯蔵、焙煎、抽出などといったプロセスを経てはじめて喫することができるようになるため、それらの方法の違いも風味の大きな違いを生む。

　一方、コーヒーは、世界の社会経済の状況を色濃く反映している。コーヒー豆の生産、すなわち、コーヒーノキの栽培には適地があり、**コーヒーベルト**[4]呼ばれる地帯にある国や地域が主な生産国となっているが、コーヒーは世界中で愛飲されているため、コーヒー豆は屈指の貿易品となっている。そして、生産国は途上国が大半を占める一方、消費の多くは米国、EU諸国、日本などの先進国で行われているため、国家・地域間の経済的な格差を浮き彫りにするものともなっている。

　国際コーヒー機関（**ICO: International Coffee Organization**）[5]によると、現在のコーヒーの需要は、1990年代の1.6倍程度となり、需要の拡大が生産と貿易の拡大を牽引したと報告され、さらに、多くの国がコーヒーの貿易に参加するようになり、とりわけ、非生産国による加工コーヒーの輸出増加などが、コーヒーの国際市場をより複雑なものにしているとしている。

2）世界のコーヒーの現状

（1）コーヒーの生産

　ICOによると、2020/21 **コーヒー年度**[6]（以下、ICOの統計はことわりのないかぎりすべてコーヒー年度を使用）におけるコーヒー豆の生産量は2019/20年の対前年比0.8%減から同1.1%増に転じ、1億7,080万袋（1袋60キロ、以下、ICOの統計は同様）となった。2019/2020年は、コーヒー生産国全体においてコロナウィルス感染拡大を理由とする渡航制限が行われ、収穫労働者の出稼ぎなどの移動も制限されたことから生産量が落ち込んだ。2020/21年はそこから回復しさらに拡大するとみられていたが、収穫期前半はコーヒー価格が低迷したことからやはり収穫労働者を集めることができず、生産量の伸びは予想よりも小さかったと分析されている。

3）：カネフォラ種（Coffea canephora）は西アフリカ原産で、コーヒー全体の約30〜40%を占めているといわれ、病気に強いのが特徴で、標高が低くても栽培することができ、アラビカ種に比べて栽培が容易と言われている。一度にたくさん実がつき1本の木からの生産量も多い。強い苦味が特徴で、ストレートで飲まれることはほとんどなく、インスタントコーヒーや安価なブレンドコーヒーなどに利用されることが多い。なお、ロブスタ種はカネフォラ種の一つであるが、カネフォラ種全体をロブスタと呼称することもある。

4）：北回帰線と南回帰線の間にあるコーヒーが生産される60〜70か国が属するエリア。ただし、雨季と乾季がある、寒暖差が大きい、多雨などの気候などを好むため、コーヒーベルトの中のどこでもが栽培に適しているというわけではない。

5）：第2次世界大戦後、活発化したコーヒーの買いつけに対応するため新規植付や増産がなされた結果、過剰供給となり生産国の社会経済に大きな影響を与え、政治的にも深刻な問題となった。これに対応するため1962年に「1962年の国際コーヒー協定（ICA：International Coffee Agreement）」が成立し、日本は1964年から加盟している。ICOは1963年に発足し、世界のコーヒーに関する統計の整備や様々な課題について協議を続けている。

6）：コーヒー豆は10月に収穫されるため、10月から9月がコーヒー年度とされている。

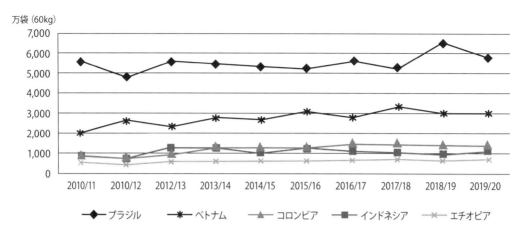

図 3 − 1　コーヒー豆生産国上位 5 カ国の生産の動向（2011/12 ～ 2019/20 の 10 年間）

出所：ICO（2022）

　世界のコーヒー豆の生産は、長い間ブラジルをはじめとする中南米諸国が支配的であった。2019/20 年における生産量第 1 位はブラジルで、約 5,821 万袋を生産し、世界の総生産量である約 1 億 6,500 万袋の約 35% を占めた。ブラジルのコーヒー栽培の歴史は約 300 年で、150 年程前からは世界最大のコーヒー豆の生産国となっている。多くの品種が栽培されているが、ほとんどがアラビカ種で、コストパフォーマンスの良いブレンド用コーヒー豆の生産で知られている。第 2 位はベトナムで、約 3,000 万袋、世界の生産量の約 18% を占めた。ベトナム産のコーヒーはロブスタ種が主流で、ブレンド用に利用されている。第 3 位のコロンビア約 1,410 万袋で約 9%、第 4 位はインドネシア、第 5 位はエチオピアで、それぞれ約 1,143 万袋で約 7%、約 734 万袋で約 4% となっている。これらの 5 か国で世界のコーヒー豆の生産量の約 75% を占めており、ブラジルなど生産量の増減が大きいも国もあるが、一般的にはこれらの国々の生産量は増加傾向にある（**図 3 − 1**）。

　その他、ホンジュラス、インド、ペルー、グアテマラ、ウガンダ、コスタリカ、ニカラグアなどの国々が比較的生産量も多く、それぞれ特徴のあるコーヒーを生産している。

（2）コーヒーの需要

　世界のコーヒー需要はコロナウィルス感染拡大の影響とその回復が見られ、特にコーヒーの需要が低かった国や地域（相対的に茶を好んできた国や地域など）においては成長がみられたとしている。2020/21 年の世界のコーヒー消費量は対前年比で 1% 増加し、1 億 6,634 万袋となった。ヨーロッパが約 5,406 万袋で約 33% を消費し、最も消費量の多い地域となった。次いで、アジア・オセアニア約 3,650 万袋（約 22%）、北米 3,099 万袋（約 19%）と続いている（**図 3 − 2**）。また、2020/21 年の国・地域別には、トップは EU で約 4,025 万袋、第 2 位は米国で約 2,698 万袋、第 3 位はブラジルで 約 2,240 万袋となっている。日本は第 4 位で、約 739 万袋、インドネシアが第 5 位で約 500 万袋となっている。

なお、一人当たりのコーヒーの消費量が多いのは北欧の国々となっている。コーヒーを生産しない北欧で消費量が大きい理由として、職場等でコーヒー休憩をとる文化が発達している、あっさりとした味わいで何杯でも飲める、日照が少ないことを補うためコーヒーから覚醒効果を得る、などが指摘されている。

（3）コーヒー豆の貿易と価格

　前述のとおり、コーヒー豆の生産国は限られるため、生産に適さない国や地域は貿易によって手に入れるしかない。2020/21年における世界の輸入量は対前年比で2.3％増加し、約1億6,556万袋となった。このうち、米国が約22％を占めており、対前年比2.8％増となった。第2位のドイツは16％で米国に続き、次いでイタリア8％、日本6％、ロシア5％となっている（図3−3）。

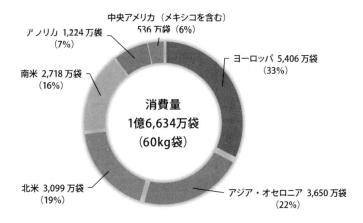

図3−2 世界のコーヒーの消費（2020/21年）

出所：ICO（2022）

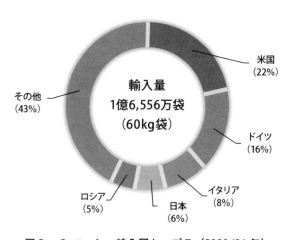

図3−3 コーヒー輸入国トップ5（2020/21年）

出所：ICO（2022）

　国際貿易品であるコーヒー豆は、「先物取引」^{注1)} が行われており、ICO は「コロンビア・マイルド」「アザー・マイルド」「ブラジル・ナチュラル」「ロブスタ」^{注2)} の 4 つのグループに分類している。また、現物の成約価格もあり、価格はそれぞれに異なる。証券取引所で取引される量は多くはないが、これがコーヒー豆の価格の基準とみなされ多くの豆が取引されている。

　最新の 2021/22 年では、世界のコーヒー輸出量は、2020/21 年の 1 億 8,259 万袋で、前年度から約 0.48％減少した。輸出量でみると前述の区分である「ロブスタ」が約 6,867 万袋で約 38％を占め最も多い。次いで「ブラジル・ナチュラル」が 5,795 万袋で約 31％であるが、前年比では約 10％減少した。一方、「コロンビア・マイルド」の輸出も 1,953 万袋で約 3％減となった。「アザー・マイルド」は 3,657 万袋と約 16％急増し、コーヒー輸出量全体の約 20％を占めるようになった。

　2021/22 年のコーヒー輸出国ランキングでは、生産量が最も多いブラジルがトップである。前年比では減少したとはいえ 5,568 万袋を誇り、コーヒーの輸出全体の約 31％を占めている。第 2 位のベトナムは 3,798 万袋で 21％を占め、ブラジルに続いている。第 3 位のコロンビアは約 1,789 万袋、インドネシアは 1,050 万袋、第 5 位のインドで 940 万袋となりコーヒー輸出国トップ 5 の一角を占めた。

　価格に関しては、ここ 10 年程は極端な変動は見られず下落傾向となってきたが、2020/21 年はすべての区分で上昇に転じている。前述の区分のうち、一般的に最も高値を付けるのは「コロンビア・マイルド」で、2021 年平均で 218.77US セント / ポンド^{注3)}であった。次いで「アザー・マイルド」が 204.56 US セント / ポンド、「ブラジル・ナチュラル」が 161.66 US セント / ポンド、「ロブスタ」が 89.90 US セント / ポンドとなった。

　コーヒーの価格は様々な要因で変化する。コーヒー豆は農産物であり気象をはじめとする自然条件の様々な影響を受ける。例えば、生産大国であるブラジルで霜害が発生すると生産量は大きく減少し価格を押し上げることになる。コーヒーは保存することも可能なため、単年度の生産量だけではなく在庫量も価格に影響する。また、「先物取引」は投機をうながすため、価格の急騰や暴落が実際の需給バランスとは関係のないところで発生することもある。こうした先物取引の価格を参考に売買されるのは一般的に**コモディティコーヒー**⁷⁾といわれるコーヒー豆である。日本でも商社や大手のメーカーが大量に購入している。

　一方、本ケースで紹介する**スペシャルティコーヒー**⁸⁾や、**フェアトレードコーヒー**⁹⁾などの価格は、様々な国や地域にまたがっている各生産国で用いられている多様なグレードを

---

7)：定型化された大衆的なクオリティをもつコーヒー豆の総称で、世界的に大量に取引され、インスタントコーヒーや缶コーヒーをはじめ、比較的安価に楽しむことができるコーヒーとなる。品質が悪いということではない。

8)：産地、品種などがはっきりしているコーヒー豆をさし、農場、品種、精製方法等がわかる銘柄はシングルオリジンコーヒーとして他のコーヒーとブレンドされずに楽しまれる。本章はスペシャルティコーヒーに関しても記述しているので本文も参考にされたい。

9)：途上国の生産者の労働環境や生活水準を保証し、また、自然環境にも配慮できるよう適正な価格で持続的な取引を行っていくことをさす。コーヒー豆の他にも、紅茶、バナナ、チョコレート（カカオ豆）などでの取り組みが行われている。

参考に、**焙煎業者（ロースター）**[10)]が直接産地に出かけて交渉により決定したり、希少価値の高い豆やコンテストで高い評価を得た豆はオークションも行われ大変な高値で取引されたりすることもある。

3）日本におけるコーヒー市場
（1）日本におけるコーヒー市場の発達

　現在、日本では、家庭や喫茶店、コンビニエンスストア、自動販売機など、様々な場所でコーヒーを楽しむことができ、身近な飲み物となっている。

　コーヒーが日本に伝わったのは江戸時代の初期で、長崎の出島にオランダの商人がコーヒーを持ちこんだのがはじめとされている。飲用した日本人から焦げ臭いと毛嫌いされたり、オランダ商館医師シーボルトが薬としてコーヒーを広めたりしたことなどが記録に残っているが一般には広まらなかった。

　コーヒー豆の輸入は幕末から開始され、明治に入ると次第に認知されるようになり、1888 年には東京で日本初の喫茶店「可否茶館」[注4)]が開店したことなども記録に残っている。本格的に普及したのは、明治末期から大正にかけてで、東京にたてつづけにカフェ[注5)]がオープンし、コーヒーの普及に大きな影響を与えたとされる。昭和の始めにはカフェ全盛時代を迎えるが、戦時体制に向かう中、コーヒーは奢侈品とされ、コーヒー豆の輸入が途絶えるなど、コーヒー豆不足は戦後まで続くこととなった。

　戦後は輸入が再開されるが、戦後の混乱からすぐに広く普及しなかった。1956 年、アメリカで開発されていた**インスタントコーヒー**[11)]がはじめて市場に登場し、1960 年以はコーヒー豆が輸入自由化[注6)]され、国内メーカーもインスタントコーヒーの製造を開始した。次いでインスタントコーヒーの輸入も自由化され、インスタントコーヒー全盛時代を迎えることになる。さらに、1967 年には**フリーズドライ製法**[12)]による製品が登場し、インスタントコーヒー市場は一層活性化した。

　現在広く普及している缶コーヒーは日本が発祥で、1960 年代後半、缶コーヒーが一般にも販売されるようになった。それまでは瓶での販売が一般的であり、持ち運ぶことができなかった。**UCC 上島珈琲**[13)]の創設者である上島忠雄氏は駅の売店で瓶入りコーヒー牛乳を飲んでいたが、列車の発車時刻になり中身の残っている瓶を戻さなければならなくなった。そこで、いつでもどこにでも持ち運ぶことのできるコーヒーを販売することはでき

---

10)：コーヒー豆を焙煎し、卸や小売りを行う業者のことをいう。全日本コーヒー商工組合連合会には大手から中小まで約 200 社が加盟しているが、加盟していない企業や個人経営店を加えると実態はあまりわかっていない。

11)：日本人の科学者加藤博士によって発明され、1901 年の全米博覧会で発表されたのがはじまりで、第二次世界大戦後、急速に普及したと言われる。コーヒー抽出液から噴霧や凍結によって水分を除いて、粉末または顆粒状にしたもので、湯を加えると溶解して再び液体のコーヒーになる。

12)：濃縮されたコーヒー液を－ 40 度以下の低温で凍結させ、低圧下の真空状態で水を蒸発させ乾燥させる。氷の結晶があった部分はそのまま空間として残り大粒の粒子ができる。乾燥の際に熱を加えないため、風味を損ねることが少ないとされる。

13)：1933 年、上島忠雄氏が上島忠雄商店を創業し、1951 年に上島珈琲株式会社を設立して缶コーヒーやレギュラーコーヒー挽き売り専門店を全国展開し、海外にも多くの農場や現地法人を持つ日本を代表するコーヒー企業の一つとなった。カフェ事業も展開している。

ないかと考え、瓶を缶にするという発想に至り、1969年に世界で初めて缶コーヒーを製造販売した。日本全国への広がりをみせたのは翌年の日本万国博覧会で販売をしたことがきっかけであった。1973年には自動販売機の導入により、瞬く間に大衆に広まっていった。

　一方、インスタントコーヒーや缶コーヒーでは味合うことができない本格的なコーヒーは喫茶店で提供されていた。しかし、後述のとおり喫茶店数は15万余りでピークに達した後は減少の一途をたどることになり、コーヒーの多様化が進むこととなる。

（2）日本におけるコーヒー市場の現状

　全日本コーヒー協会（AJCA: All Japan Coffee Association）[14]ではコーヒーに関連する統計データを公表しているが、日本のコーヒーの輸入量は、喫茶店が日本に根付く前の1877年では、生豆換算の合計輸入量は18トンのみであったが、2021年には45万3,418トンとなった。消費量は近年でもほぼ右肩上がりで推移しており日本は世界でも有数のコーヒー消費国となった（**図3－4**）。2020年では、中学生以上の男女で平均して、1年当たり580杯を飲んでいるとされ、今日では着実にコーヒー文化が根付いる。

　前述のとおり、明治末期以降、コーヒーを飲む場所としてカフェ（喫茶店）が普及してきた。喫茶店の事業所数は、1966年では27,026か所であったが、高度経済期を通して増加し、続けて1986年までは増加して、ピーク時には15万か所余りとなった。しかし、

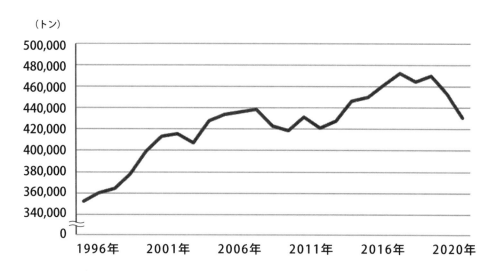

図3－4　日本のコーヒー消費量の推移

出所：全日本コーヒー協会「日本のコーヒー需給表」
https://www.ajca.or.jp/pdf/data-jukyu202211.pdf

14）：1953年、任意団体として全日本珈琲協会が発足し、名称を全日本コーヒー協会と変更、1980年8月には、コーヒー消費の更なる拡大を図り、コーヒー業界の一層の発展と国民食生活の向上発展に寄与することを目的に、社団法人としての全日本コーヒー協会となる。全日本コーヒー商工組合連合会、日本珈琲輸入協会、日本グリーンコーヒー協会の業界3団体を基礎に構成され、広報・消費振興事業、科学情報事業、安全安心事業、統計情報事業等を主な事業としている。

以降は減少傾向になり、2016年には67,198個所と、1966年の約2.4倍で落ち着いている（図3－5）。

　日本国内でのコーヒーの消費量は年々増加しているにも関わらず、喫茶店の数が減少している理由として、喫茶店以外でも安くて美味しいコーヒーを楽しむことが出来るようになってきていることが関係していると考えられる。コーヒーの飲用方法として、比較的早くから発達したインスタントコーヒーや缶コーヒーに加え、コンビニエンスストアやファストフード店など安価にコーヒーを飲用できる場所が増え、コーヒーを楽しむ場所や方法の多様化により、喫茶店でのコーヒーの存在価値が低下していった。それに追い打ちをかけるように、**スターバックスコーヒー**[15]、**ドトールコーヒー**[16]等の大手コーヒーチェーン店が登場し、個人営業の喫茶店を圧迫していったと考えられる。

　しかし、近年のSNSにはネット上に自分の趣味嗜好や旅先の写真などを人に情報共有することができる機能がある。喫茶店の持つレトロな雰囲気や独特な雰囲気が、若年層に人気ともなっている。SNSのハッシュタグ機能を利用した情報共有では、インスタグラムのハッシュタグを用いた投稿で「＃純喫茶」「＃レトロ喫茶」を検索してみると2022年10月27日時点で「＃純喫茶」は55万件余り、「＃レトロ喫茶」は約15万件で、それと並んで多かったのが「＃スペシャルティコーヒー」「＃スペシャリティコーヒー」に関

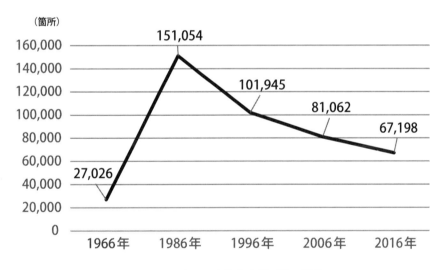

図3－5　全国の喫茶店事業所数の推移

出所：全日本コーヒー協会「喫茶店の事業所数及び従業員数」
https://www.ajca.or.jp/pdf/data06_2016.pdf

---

15)：1971年にワシントン州シアトルにスターバックスコーヒー1号店がオープンし、日本では1996年8月 東京・銀座に第1号店がオープンした。日本では2022年9月末現在で1,771店舗を展開しており、エスプレッソやカフェラテ、限定のフラペチーノなど様々なオリジナルドリンクが楽しめる。「サードプレイス（Third place）」＝「家庭でも職場でもない第3の空間を提供する」というコンセプトのもとに独特な空間を提供している。

16)：1962年にコーヒーの焙煎・卸売業として有限会社ドトールコーヒーが設立され、1972年にはコーヒー専門店「コロラド」の神奈川県川崎市1号店がオープン、1980年にはドトールコーヒーショップの原宿駅前1号店がオープンした。「DOUTOR」以外のコンセプトの異なる店舗などもあわせると2022年2月末時点で1,286店舗を展開している。

連するハッシュタグである。同日時点で「＃スペシャリティコーヒー」は約14万件、「＃スペシャリティコーヒー専門店」が3千件余り、「＃スペシャリティコーヒー豆」が1千件余り、「＃スペシャリティコーヒー店」も1千件余りと、スペシャリティコーヒー関連の投稿も多い。日本で「スペシャルティコーヒー」という単語が普及したのはここ近年とされている中、日本における「スペシャルティコーヒー」の位置づけをみていこう[注7]。

（3）日本におけるスペシャルティコーヒーの位置づけ

　スペシャルティコーヒーは、コーヒーのグレードの一つである。スペシャルティコーヒーとは、**日本スペシャルティコーヒー協会（SCAJ: Specialty Coffee Association of Japan）**[17]の定義によると「消費者の手に持つカップの中のコーヒーの液体の風味が素晴らしい美味しさであり、消費者が美味しいと評価して満足するコーヒーであること。（中略）生産国においての栽培管理、収穫、生産処理、選別そして品質管理が適正になされ、欠点豆の混入が極めて少ない生豆であること。そして、適切な輸送と保管により、劣化のない状態で焙煎されて、欠点豆の混入が見られない焙煎豆であること。さらに、適切な抽出がなされ、カップに生産地の特徴的な素晴らしい風味特性が表現されることが求められる。」とある。

　スペシャルティコーヒーはコモディティコーヒーに対する概念であり、「生産国においての栽培管理、収穫、生産処理、選別そして品質管理が適正になされ、欠点豆の混入が極めて少ない生豆であること。そして、適切な輸送と保管により、劣化のない状態で焙煎されて、欠点豆の混入が見られない焙煎豆であること。さらに、適切な抽出がなされ、カップに生産地の特徴的な素晴らしい風味特性が表現されることが求められる。」とされ、生産国から消費国にいたるコーヒー産業全体の永続的発展に寄与するものとし、スペシャルティコーヒーの要件として、サステナビリティとトレーサビリティは重要だとしている。

　スペシャルティコーヒーという概念は1970年代に生まれた。1960年代、70年代の冷戦下、コーヒーはアメリカの中南米諸国の共産化防止策によって買い叩かれる状況にあった。低価格化により、生産者の賃金が減少、それに伴い担い手も減少し、生産国の品質は低下していく一方で、アメリカのコーヒーの味も落ち続けることとなった。品質低下していくアメリカのコーヒーに不満を唱え、より高品質で特別なコーヒーを求める人々は少なからず存在し、生豆の品質と焙煎の両方にこだわった高品質な深煎りコーヒー[注8]の自家焙煎店が現れるようになった。その後、コーヒー鑑定士のエルナ・クヌッセン[注9]が高品質なコーヒーのことをスペシャルティコーヒーという言葉で掲載し、1978年の国際コーヒー会議の講演内で使用したことで関係者に広まった。

　1970年代からスペシャルティコーヒーに対する関心は徐々に広まったものの、シェアは1%にも及ばなかったため、輸入業者が中心となり1982年にアメリカ・スペシャルティ

---

17)：1987年においしいコーヒーの普及と啓蒙を目的に「全日本グルメコーヒー協会」として発足し、1999年の「世界スペシャルティーコーヒー会議」日本大会を契機に「日本スペシャルティーコーヒー協会」に名称変更した。「スペシャルティコーヒー」に対する日本の消費者の理解を深めること、また、日本の「コーヒー文化」のさらなる醸成、世界のスペシャルティコーヒー運動への貢献、およびコーヒー生産国の自然環境や生活レベルの向上を図っていくことを活動の基本構想としている。

コーヒー協会（Specialty Coffee Association of America）が発足した。宣伝活動を行ったことでスペシャルティコーヒーは徐々に浸透し、そして1980年代半ばにイタリアブームが起こると、バールを開く人も現れ始めたタイミングで、あまりコーヒーを飲まなかった層をうまく取り込んだスターバックスの台頭によりエスプレッソが広まり、主流となっていった。

　アメリカで生まれたスペシャルティコーヒーの波は遅れて日本にも上陸し、カフェブーム到来後、各店の様式に取り入れ調和させ、進化させていく自家焙煎店が現れ始める。しかし、最大の転機となったのは、やはり1990年代半ばのスターバックスの日本上陸である。1990年代からカフェブームが到来していた日本に商機を見出したスターバックスは、女性客を主なターゲットとしてメディア戦略を展開し、日本にスターバックス旋風を巻き起こした。アメリカと同様、日本でもスターバックスによって初めてスペシャルティコーヒーの存在を知った人も多く、スターバックスコーヒーの普及とともに、スペシャルティコーヒーの認知度も上がっていった。2003年に日本スペシャルティコーヒー協会が発足し、現在もスペシャルティコーヒーの啓発と普及活動に努めている。

　一方、「美味しいコーヒー」を決める品評会や協議会は、国際的にも各国内においても多数存在し、その評価の対象やポイントも様々にある。スペシャルティコーヒーの評価についてはカップオブエクセレンス（COE：Cup of Excellence）の知名度が高く、カッピングフォームは、香り、酸味など項目ごとに点数をつけていくもので、及第点は高めに設定されている。

　日本スペシャルティコーヒー協会が協会会員社店舗の来店客へ実施したアンケートでは、スペシャルティコーヒーの認知度は2019年が42.1％、2021年が46.2％と4.1ポイント上昇し、飲用経験率も2019年の36.2％から2021年は42.5％と6.3ポイント上昇した。高品質な特別感のあるコーヒーに関心を持つ客層の増加が見受けられる。

3．サザコーヒーの経営

1）（株）サザコーヒーの経営展開

　鈴木家のビジネスは、1942年に太郎氏の祖父である鈴木富治氏が茨城県勝田市（現ひたちなか市）に映画館兼劇場である「勝田宝塚劇場」を購入したことに始まる。勝田市は茨城県中部太平洋側に位置しており、1994年に那珂湊市と合併してひたちなか市となった。ひたちなか市は水戸市にも隣接する好位置にあり、日立製作所の関連企業が数多く立地し、近年では国営ひたち海浜公園や海洋レジャーでにぎわいを見せている。1942年には、後にサザコーヒーの創業者になる父の誉志男氏が誕生し、その後、映画館兼劇場は日立関連の企業に勤める多くの地域住民のエンターテインメントの殿堂として長年賑わったが、テレビの普及等により映画館は次第に集客が難しくなってきた。そのため、1969年、誉志男氏はコーヒー部門を設置した。これがサザコーヒーの始まりである。「サザ」とう

珍しい響きの社名・店名は、臨済宗「且座喫茶」から命名されたもので「さあ、座してお茶を飲んで下さい」の意味が込められる。誉志男氏は茶道をたしなんでおり、その精神性と芸術性に感銘を受けていたからである。「生き残るのは、強い者でも賢い者でもなく、変化に適応できる者という言葉にあるように、何かに捉われずに商売を替えてでも生き残ろうとコーヒー店を始めた」と、太郎氏が受賞講演でも話されているように、劇的な業態の転換であった。偶然にも同年に、本ケースの主人公太郎氏が誕生している。

　誉志男氏は、創業3年目の1972年には開業の地で国産焙煎機による焙煎を開始している。焙煎とは生豆を煎りコーヒー独特の風味を引き出す加熱作業のことで、コーヒーの風味を決定する重要なプロセスの一つであるが、焙煎機などの機器や熟練した技術が必要となる。そのため、この時代の喫茶店は焙煎した豆を焙煎業者（ロースター）から購入してコーヒーを提供するのが一般的であった。今日では、自家焙煎を行う小規模の自家焙煎店は多数存在し、後述するコーヒーのサードウエーブを牽引しているが、サザコーヒーでは早くもこの時期に自家焙煎を開始した。これはサザコーヒーの原点の一つともなっている。1974年にはドイツ製50ポンドの焙煎機、さらに1989年にはドイツ製100ポンドの焙煎機も導入し、その後のコーヒーの販売につながっている。

　店舗も、1972年には日立駅前、1973年には水戸駅前に展開し、その後も勝田市内に店舗を展開する。しかし、1988年には残念ながら「勝田宝塚劇場」は閉館したが、翌年その跡地にサザコーヒー本社社屋と本店屋兼工場を開設している。また、1990年には増資を行い、1991年には社名を株式会社サザコーヒーに変更している。

　1992年からは、ブラジルの「飯田農園」、グアテマラの「サンセバスチャン農園」との契約を開始し、1993年にはコロンビアの「マタレドンダ農園」と、1997年にはメキシコの「アイルランド農園」と契約を開始している。さらに、3現主義（現場・現物・現実）を実現するために、1997年、父誉志男氏はコロンビアのアンデス山脈の麓にあるカウカ県テインビオ村に5haの農園（「Finca Saza Coffee」）を購入した。前述のとおり、コーヒー豆の品種や品質は様々であり価格も様々な要因で変化する。豆のクオリティが風味を決定する最も大きな要因であるため、サザコーヒーでは、農園の購入を決意した。「自分の手で美しいコーヒーを生産したい。これはコーヒーを志す者の共通の願望だ。」と太郎氏は述べている。しかし、ゲリラなどの問題で、自社農園産コーヒー豆を初めて販売できたのは9年後の2006年であった。その後、2008年には本格的に高価格帯のコーヒー豆栽培にシフトし、2011年には同じカウカ県に直営関連農園「Finca Los Tres Edgarito」21haを設置した。また同年、コーヒーの更なる品質向上のため、品種育種事業を開始し、育種選抜や精製設備の改善に本格的に力を入れ始めた。サザコーヒーでは「コーヒーの甘みを出す、限界点ギリギリの過酷な高度2000mの環境を選び、種や苗から樹を育て、豆の熟度にこだわり一粒一粒丁寧に手摘みをして、手間をかけて天日干しをする。目と鼻と舌で良質なコーヒー豆だけを妥協せずふるいにかけてきた。」と自家農園産のこだわりを述べている。

写真3－1　勝田宝塚劇場（1942年）（左）JR常磐線勝田駅前珈琲店且座（1970年頃）（右）

出所：（株）サザコーヒー資料

写真3－2　ドイツ製50ポンド焙煎機（1974）（左）ドイツ製100ポンド焙煎機（1989）（中）
ドイツ製150ポンド焙煎機2台（2021）（右）

出所：（株）サザコーヒー資料

　そして、サザコーヒーの大きなターニングポイントは、何といっても2005年に太郎氏が「パナマ・ゲイシャ」に出会ったことである。ゲイシャ種はアラビカ種に属する一種で、エチオピアを原産とする。サザコーヒーではゲイシャコーヒーの特徴を「ジャスミンの花のような香り、白桃のような甘み、アールグレーレモンティーの香り」などと表現している。ゲイシャはエチオピアから中南米に持ち出され、パナマのエスメラルダ農園で栽培されていたものが2004年のBest of Panama（パナマ産コーヒーの品評会）に出品され、当時の落札最高額の世界記録を更新した。現在、原産地エチオピア・コロンビア・コスタリカをはじめアジア・アフリカにも栽培地域が広がり、同じゲイシャでも産地や農園の違いによる様々な風味が楽しめるようになっている。太郎氏はBest of Panamaの国際審査員をするなかで2009年から品評会での買い付けをはじめ、2022年も高得点を得たパナマ・ゲイシャを落札している。太郎氏は日本では早くからパナマ・ゲイシャの価値を見出した専門家としての評価も高い。

　一方、店舗や販売は徐々に県外に拡大し、2003年に日本橋、渋谷を中心とする百貨店でコーヒーの販売を開始し、2005年にはJR品川駅構内で東京初店舗「サザコーヒーエ

キュート品川店」を開店し、2006年にはJR大宮駅に埼玉県初店舗「サザコーヒーエキュート大宮店」を開店するなど鉄道のターミナル駅に次々と出店してきた。また、2018年には都内東京駅丸の内口すぐ近くの旧東京中央郵便局の建物を活用した商業施設内に「サザコーヒー KITTE 丸の内店」を開店した。また、2014年には茨城大学図書館「サザコーヒー茨城大学ライブラリーカフェ」、2018年には筑波大学に「サザコーヒー筑波大学アリアンサ店」を開店し、併せて50ポンド焙煎機を移設し第三工場としている。

鈴木家のファミリービジネスを振り返ってみると、富治氏、誉志男氏そして太郎氏の各代の役割があった。創業者の富治氏は、映画館兼劇場の購入によって現在の本店がある場所、すなわち「拠点」を築いた。誉志男氏はコーヒーという商品をもとに喫茶店というビジネスに挑み今日の基盤を築いた。1999年入社した太郎氏はゼロから五感でコーヒーを学び、サザコーヒーを様々な視点で成長させ、茨城発祥のコーヒーブランドを確立した。さらに、2020年6月に社長に就任し、継続的に高い価値を創造していくと期待できる。

2）現在の経営組織

1969年に誉志男氏が珈琲店且座を開業した際は個人経営であったが、1991年に「株式会社サザコーヒー」に社名変更した。1992年に太郎氏の母である美知子氏が代表取締役社長となり、2008年には太郎氏は代表取締役となった。

サザコーヒーは、業態としては、コーヒーの焙煎・卸・販売行い、直営店を展開しているが、2019年には、父誉志男氏、母美知子氏、太郎氏の3名代表取締役員体制から事業承継と明確な経営を目指し、それまで1社であった（株）サザコーヒーを（株）サザコーヒーホールディングス（資本金1,000万円）と（株）サザコーヒー（資本金2,560万円）の2社に分割した。ササコーヒーホールディングスの会長が誉志男氏、社長は美知子氏となり、太郎氏は代表取締役となり、2020年に（株）サザコーヒー代表取締役社長に就任した。

これにより、2社が役割を分担することとなり、（株）サザコーヒーホールディングスはコーヒー豆の原料購買、焙煎加工、業務用卸などコーヒー豆の製造流通業、菓子製造業などを担当し、総務（人事労務経理）、製造（高単価の深煎りのスペシャルティコーヒー製造・自社提供の菓子製造）、営業（百貨店や高級食材スーパーマーケットなどの卸）、海外調達（コロンビアで農園経営、原料直接取引輸入業務、品評会審査員派遣）などの部門

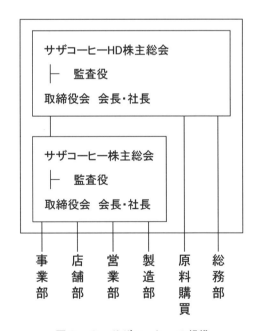

図3-6　サザコーヒーの組織

出所：（株）サザコーヒー資料

表3−1　サザコーヒーの経営発展

年	出来事
1942	【商売】鈴木富治氏が映画館兼劇場を購入
1969	【商売】12月に鈴木誉志男氏がサザコーヒー創業、勝田市で商売開始
	【店舗】勝田宝塚劇場内「且座喫茶」7坪、15席、コーヒー1杯120円
1971	【店舗】国鉄常磐線勝田駅前でコーヒー専門店「且座」地下1階、地上4階の「サザビル」を設立、2階にコーヒー専門店「且座」を開店、7坪、16席、コーヒー1杯120円
1972	【店舗】国鉄常磐線日立駅前にコーヒー専門店「且座日立店」を開店、10坪、26席、コーヒー1杯130円
	【工場】勝田市で国産焙煎機によるコーヒー焙煎を始める
1973	【店舗】水戸市泉町でコーヒー専門店「且座水戸店」開店、30坪、40席、コーヒー1杯200円
1974	【工場】自家焙煎を始めるドイツ製50ポンド焙煎機
1985	【店舗】コーヒー専門店「サザ勝田商工会議所店」開店、20坪、35席、コーヒー1杯260円
	【商売・店舗】　勝田宝塚劇場の閉店
1989	【商売・店舗】　勝田宝塚劇場跡地に「サザコーヒー本社・本店」社屋兼工場設置、喫茶部分45坪、52〜65席、物販30坪、ギャラリーもあり
	【工場】工場新社屋ドイツ製100ポンド焙煎機設置
1991	【経営】「株式会社サザコーヒー」に社名変更
1992	【商売】ブラジル「飯田農園」、グアテマラ「サンセバチャン農園」と契約
	【経営】鈴木美知子氏が株式会社サザコーヒーの代表取締役社長として就任
1993	【商売】コロンビア「マタレドンダ農園」と契約
1997	【農園】コロンビアのカウカ県テインビオ村に5haの農園購入（放置される）
	【商売】メキシコ「ア・イルフンド農園」と契約
1999	【経営】鈴木太郎氏が（株）サザコーヒーに入社
2000	【農園】コーヒー農園の管理をするが、ゲリラ組織の影響で困難に
	【店舗】茨城県庁新庁舎「サザコーヒー」開店
	【店舗】長崎屋上水戸店「サザコーヒー」開店
2022	【商売】エルサルバドル「ロス・ナラホス農園」、コロンビア「グロリアスコーヒー」と契約
2003	【商売】日本橋、渋谷を中心とする百貨店とのコーヒー催事販売開始
	【商売】太郎氏がパナマのエスメラルダ農園で「ゲイシャ」と初めて出会う
2005	【店舗】JR品川駅構内東京初店舗「サザコーヒーエキュート品川店」開店
	【店舗】JR常磐線水戸駅・水戸京成百貨店に「水戸京成店」開店
2006	【商売・農園】初めて自社農園産コーヒー豆を販売
	【店舗】JR大宮駅に埼玉県初店舗　「サザコーヒーエキュート大宮店」開店
2007	【農園】12月末から積極的農園管理を始める
	【商売】埼玉県初店舗としてJR大宮駅構内に出店
2008	【農園】高単価コーヒー栽培に切り替え、コーヒー品種育種事業も開始
2011	【店舗】東急二子玉川ライズに「サザコーヒー東急二子玉川店」開店
	【店舗】JR常磐線水戸駅エクセルみなみに「サザコーヒーJR水戸駅店」開店
	【店舗】大洗リゾートアウトレットに「サザコーヒー大洗店」開店
	【工場】茨城県ひたちなか市第二工場アメリカ製75ポンド焙煎機設置
	【農園】コロンビアにて直営農園の拡大「Finca Los Tres Edgaritos 21ha」開設
	【農園】コーヒーを栽培し育種選抜や精製設備の改善で品質向上を行なう
2012	【店舗】JR常磐線勝田駅 [サザコーヒー勝田駅前店]開店
2014	【店舗】茨城大学図書館　「サザコーヒー茨城大学ライブラリーカフェ」開店
2015	【店舗】TXつくば駅　Bivi 「サザコーヒーつくば駅前店」開店
	【商売】包装材の開発を行い賞味期限の無限延長を目指し近隣の筑波大学などと連携共同研究始まる
2016	【店舗】水戸市りつ芸術館　「サザコーヒー芸術館店」開店
	【店舗】TSUTAYA LALAガーデンつくば店開店
2018	【店舗】「サザコーヒーKITTE丸の内店」開店
	【店舗】茨城大学に「サザコーヒー筑波大学アリアンサ店」開店
	【工場】つくば市の筑波大学学内店舗併設工場（第三工場）に50ポンド焙煎機移設
2019	【経営】サザコーヒー（資本金2,560万円）とサザーコーヒーHD（資本金1,000万円）分社に伴い「ササコーヒーHD」社長に鈴木知子氏、代表取締役に鈴木太郎氏就任
2020	【経営】鈴木太郎氏がサザコーヒー代表取締役社長として就任
2021	【工場】10月にひたちなか市に新工場（第四工場）設置、150ポンド焙煎機2台を設置
	【商売】10月27日に生産するコーヒーから「賞味期限3年」を宣言
2022	【店舗】JR新橋駅　「サザコーヒー新橋SL店」開店

出所：（株）サザコーヒー資料から作成

がある。また、株式会社サザコーヒーは 100％（株）サザコーヒーホールディングスの子会社で、カフェ・ショップ開業支援、技術指導などを業務とし、店舗事業部（店舗の展開が駅などの交通の要衝を中心に、連携する大学キャンパス内などで展開）、コンサルティング業などの部門がある。

4．販売・マーケティングからみる（株）サザコーヒーの特徴

1）サザコーヒーの商品の特性
（1）コーヒー豆へのこだわり

　コーヒー豆はそれぞれに特徴をもっており、コーヒーのクオリティの基本はコーヒー豆にあるポテンシャルにある。サザコーヒーでは、「契約・商談による買付け」「オークションによる買付け」「自社農園産」の主に3系統でコーヒー豆を調達している。前述のとおり、サザコーヒーではすでに 1992 年にブラジル・グアテマラの農場と契約を結んでいるが、日本に本格的にスペシャルティコーヒーの考え方が上陸する前のことであり、生産者と直接取引を行う小規模な自家焙煎店も限られていた頃である。以降、生産地の持続的生産を支援することによる質の高いコーヒー豆の継続的な確保を続けている。

　また、豆の調達という点で、特質すべきは前述のとおり「パナマ・ゲイシャ」との出会いである。太郎氏は、2005 年に「パナマ・ゲイシャ」に出会い、2009 年からはコーヒーオークションで落札を続けている。オークションで取引するというのは、農家や仲売人や輸出業者を自分の足で探す必要がないというメリットがある。一方で、オークションでは、落札価格が乱高下することがあり、とてつもなく高額になることがある。2022 年には、パナマコーヒー品評会「2022 Best of Panama」で最高位を獲得したゲイシャコーヒー約 3,000 杯分のコーヒー豆（100 ポンド：45kg）を 2,980 万円（200,049 ドル）で落札した。今年はドル換算では昨年より価格が下がったものの、円では過去最高額を更新する結果となった。なお、落札したコーヒーは、一般の顧客だけではなく、一部事業者へも販売している。

　さらに、サザコーヒーでは自社農園を所有している。自社農園では、自社が求める味を重視した優良品種の導入と耐病性品種の掛け合わせ育種を行うことができ、また、精製では温度湿度管理システムを導入して豆の品質保持に努めている。このように、現地では栽培や育種、選抜、精製など多岐にわたる農業分野での成功者のノウハウが自社農園にフィードバックされ、総合的な品質管理技術が確立されることになった。また、農園で働く農園管理人家族の教育にも力を入れており、近隣の国立大学の農学部に入学させ、将来の人材確保の可能性を高めている。自社農園の開設によって、サザコーヒーは先進国で豆を買い付ける者としての性格と、途上国で豆を生産する者、つまり農業経営者としての二つの顔をもつことになった。品評会にも生産者・消費者として2つのコミュニティーに参加している。このことは、単にクオリティの高い豆の確保というだけではなく、豆の生産から販

売まで一貫管理できることになり、ビジネスに奥行きと個性を与えている要因の一つとなっていると推察する。

（2）焙煎技術と梱包・パッケージ技術

　製造面では、太郎氏は「コーヒーの香りに永遠の命を吹き込むことを目標に掲げている」としている。太郎氏自身がコーヒー豆の生産者であることも踏まえ、コーヒーの価値を高める取り組みとして、研究と設備投資にも力を入れている。

　前述のとおり、サザコーヒーは1972年に自家焙煎を開始し、1974年、1989年にそれぞれドイツ製の焙煎機を導入して量の拡大を図ってきた。2011年にはひたちなか市に第二工場を設置しアメリカ製の焙煎機を導入したことで、耐久性の強いドイツ製、再現性の高いアメリカ製のコンピューター仕様の焙煎機を使用することになる。さらに、つくば市の筑波大学学内店に第三工場に50ポンド焙煎機移設し、2021年10月にはひたちなか市に第四工場が完成し、焙煎機2台を設置している。それまでの焙煎機の規模が約45kgだったのに対して約120kgの機械導入で生産能力が4倍となった。焙煎機はそれまで職人の勘に頼っていたが、コンピューターで温度プロファイルが取れ再現性の高い焙煎加工が行われるようになった。自動充填機も2倍に増えコーヒー豆や粉の自動充填の生産能力が倍となり生産スピードもアップした。しかし、機械化・情報化が進んでも焙煎技術は常に向上を目指し続けなければならず、世界大会を伴う競技会や品評会を通して買付人とのネットワークを構築し焙煎加工の情報を収集するとともに、品評会や競技会の審査員の社内育成により数値化された味覚の評価の共有がなされている。

　また、コーヒー豆は、粉にすると徐々に香りが減少していく性質がある。そのため、いかにしておいしさを持続させるかが長年課題とされていた。太郎氏は筑波大学大学院の博士課程（後期）に在籍し、農産食品加工研究室にてコーヒーの研究を深め、さらに社内にも専門チームを立ち上げ、研究開発を進めてる。コーヒー豆の賞味期限を延ばすための共同研究に取り組んだ結果、ドリップバッグコーヒー「サザカップオン」の酸素濃度を0.8%に抑えることに成功した。これにより賞味期限を1年から3年へ延長することが可能となった。この技術により、おいしさが長持ちするのはもちろんのこと、同じ量の原料で従来の3倍の価値を生み出したとも言える。これは、SDGs（12「つくる責任　つかう責任」など）の目標達成につながる取り組みであると考えている。

　その他、地下倉庫や定温倉庫を利用した温度湿度管理システムを導入し、原料段階からの徹底した品質管理により品質劣化速度を遅くすることに成功している。

（3）バリスタの育成

　「コーヒーを淹れてくれる人」は近年ではバリスタと呼ばれることもある。イタリアのバールを起源とし、狭義ではエスプレッソマシンを使ってエスプレッソやカプチーノを淹

れる人のことであるが、コーヒーに関する知識と技術を持った人がバリスタと呼ばれることもある。

　抽出は、生豆から焙煎などを経て「淹れる」というコーヒーの最後の仕上で、風味に大きな影響を及す。カフェや喫茶店でコーヒーを淹れ提供するための特別な資格はないが、コーヒー豆の知識に加え、抽出の方法によって異なる道具に関する知識や技術が必要となる。また、より美味しく淹れるための新しい技術や方式が常に紹介されており、こうした情報にも対応していかなければならない。

　そのため、コーヒーの淹れ方やカフェの経営を学習するカフェスクールなども存在しており、日本スペシャルティーコーヒー協会はコーヒーマイスターやアドバンスド・コーヒーマイスターの養成・認定も行っている。さらに、抽出スキル向上を目指し多くのコンテストも行われている。日本スペシャルティコーヒー協会が主催する日本バリスタチャンピオンシップは「エスプレッソ」、「ミルクビバレッジ」（カプチーノ）、「シグネチャービバレッジ」（オリジナルコーヒードリンク）を総合して競わせ、優勝者は世界大会に出場できる。サザコーヒーでは、バリスタチャンピオンシップへの参加やドリップ競技運営も支援しており、日本バリスタチャンピオンシップでは、サザコーヒーの社員は常に上位入賞している。このように、社員のスキルアップの道を提示することで、人材確保につなげることができ、また、社員の技術や提供するコーヒーのクオリティの見える化に貢献している。

2）販売チャンネル多様化とブランド化
（1）店舗数の拡大と多様な立地

　2022年末現在、サザコーヒーは、本店（ひたちなか市）、勝田駅前店（ひたちなか市）、水戸駅店、水戸京成店、TSUTAYA水戸南店、水戸芸術館店、茨城県庁店、つくば駅前店、筑波大学アリアンサ店、茨城大学ライブラリーカフェ店、大洗店、エキュート品川店、エキュート大宮店、東急二子玉川店、KITTE丸の内店、エキュート新橋SL店の16店舗を展開している。そのいくつかを紹介する。

　ひたちなか市に立地する本店は、勝田駅にほど近い場所に位置している。旧映画館兼劇場跡地という広い敷地を有効に活用したゆったりとしたつくりとなっており、店内はアート作品やグリーンがふんだんに配置され、テラス席も設置されている。まさに、「さあ、座してお茶を飲んで下さい」という「且座」のメッセージを具現化したつくりとなっており、レトロ感も漂う本店にふさわしい店舗である。

　エキュート品川店は、品川駅改札近くに位置し、「エキュート」というJR東日本が展開する商業施設のなかにある。品川駅は通勤や旅行客などで終日混雑する駅であり、サザコーヒーはその一角に店舗を構えている。エキュート品川店はゆっくりコーヒーを楽しむというよりは、通勤、旅行や買い物の途中で一息入れる、という利用客が多く、また、手土産や自宅用にドリップバッグコーヒーなどを買い求める客も多い。都内有数の利用客を

写真3-3　本店外観（左上）本店の落ち着くテラス席（中上）本店のユニークな内装（右上）
勝田駅前店（左下）KITTE 丸ノ内店（中下）筑波大学アリアンサ店（右下）

出所：（株）サザコーヒー資料および筆者撮影

誇る品川駅への出店はサザコーヒーの知名度の向上に貢献するとともに、コーヒーファン
を満足させられるかどうか試される店舗ともなっている。

　KITTE 丸の内店は、東京駅丸の内口すぐの旧東京中央郵便局舎を活用した商業施設の中
にある。旧局舎は昭和初期に建設されたもので、当時を再現した補修がなされ、独特のレ
トロ感が漂っている。サザコーヒーは 1 階に位置し、ビジネスや買い物で行き交う人々
に利用されている。KITTE 丸の内店はイベントスペースとしての役割も果たしており、パ
ナマから到着したばかりのゲイシャコーヒーを楽しむイベント「パナマ・ゲイシャまつり」
が行われている。

　このように、立地や顧客に応じた店舗づくりを行い、提供されるコーヒーやフードの品
ぞろえも店舗ごとに異なっている。

（2）ユニークなネーミング

　サザコーヒーを印象付けるものの一つとして「将軍珈琲」がある。それは 2003 年の太
郎氏と徳川慶喜家 4 代目（慶喜の曾孫）に当たる徳川慶朝氏の出会いから始まる。茨城
県は水戸黄門でなじみ深い水戸徳川家のお膝元であり、水戸徳川家は幕末に最後の将軍で
ある徳川慶喜を輩出している家柄である。2003 年当時、太郎氏は、サザコーヒーを茨城
土産・水戸土産とするため、三つ葉葵の「印籠」型のパッケージにコーヒー入れて販売す
る構想を抱いていた。そこに、以前からコーヒーに親しむなかで父誉志男の友人となって
いた徳川氏が偶然現れたのである。「印籠」型のパッケージは実現しなかったが、かわり
に徳川氏は「私が焙煎したコーヒー」の販売を提案してくれた。

　徳川慶喜はコーヒーを愛飲しており、フランス人料理人を雇い欧米の公使をもてなし

写真3−4　コロンビア自家農園産ゲイシャ（左）　将軍珈琲（中）　本店の販売コーナー（右）

出所：（株）サザコーヒー資料および筆者撮影

コーヒーも提供したこともあり、史実に基づいた当時のフランス風の焙煎に着手した。徳川氏は太郎氏と創意工夫を積み重ねながら焙煎を担当され、およそ10年にわたり焙煎の職人としてサザコーヒーで活躍された。

　徳川氏との出会いは太郎氏にとって大きな転機となった。「世が世」であれば、本当に将軍になっていたかもしれない徳川氏とともに開発したコーヒーは本物の「将軍珈琲」であり、一度聞いたら忘れられない商品名として大きな強みとなった。

　他の商品のパッケージも、はっきりとした色と力強い文字が配され、太郎氏の人柄や社風、またコーヒーがもたらすエネルギーを表すものとなっている。

（3）イベントの活用

　サザコーヒーは多くのイベントをおこなっている。

　「三大ゲイシャまつり」は年に1回「サザコーヒー本店セール」として行われたもので、2020年に「まつり」のタイトルを使用してから、「三大ゲイシャまつり」に至っている。また、1店舗だけだったイベントを全店に拡大し、本店では、コーヒーの割引やフードの販売、トークショーの生配信などを行っている。「三大ゲイシャ」とは、パナマ、エチオピア、コロンビアを三大産地のことを指し、パナマは最高峰の、エチオピアはゲイシャの故郷の、コロンビアは自社農園の、それぞれのゲイシャを楽しむことができる。また、2022年12月にKITTE丸の内店で行われた「パナマ・ゲイシャ」まつりではゲイシャコーヒーを1杯500円（60cc）から販売した。

　他にも、2022年11月には「冬のぱん☆まつり」と称し、茨城県内限定のセブンイレブンおよびサザコーヒー限定店舗で「将軍珈琲®クリームロール」販売したり、「ゲイシャ」が「芸者」と同じ発音のため、芸者由来と間違われることを逆手にとり、イベントに本物の芸者を招待するなどユニークなイベントをおこなっている。また、コロナ禍の中においてもオンラインイベントを展開するなど常に発信を続けている。

「ゲイシャまつり」開催にこだわるのは、広告宣伝と位置づけているためであり、この背景には、コーヒーの味だけで差別化を図ることが難しいという考えがある。どんなにコーヒーがおいしくても、コーヒーを飲むためだけに遠方から客が訪れるというのは難しい。太郎氏は、これからの店舗運営は、サービス業による信用経済だと考えている。「お客様は一度でも楽しいと思ったらリピートして下さる。そこに価値を見出すべく様々なイベントを積極的に開催している。」と述べている。

（4）インターネットの活用

太郎氏はインターネットによる発信にも力を入れているが、余分な力は入っていない。スペシャルティコーヒーの紹介というと「通」向けの堅苦しい専門用語の説明を想像するかもしれない。太郎氏が登場する動画は、HP 上にも、サザコーヒー YouTube チャンネルにも数多く公開されており、店舗・商品の紹介やイベントの様子、対談などがその中心となっているが、すべて楽しいのである。太郎氏の朗らかな性格とコーヒー愛がストレートに伝わり、サザコーヒーの魅力を後押ししている。

また、サザコーヒーではインターネットでの販売にも力を入れている。都内にも店舗を展開しているものの、数はそれほど多くはない。また、なかなか店舗までは行くことのできない地方や、店舗の美味しさを家庭でも味わいたいという顧客向けに欠かせないものとなっており、前述のとおり品質を維持する包装技術も開発している。ゲイシャも購入することができ、福袋など季節ごとの楽しいイベントも行われている。

5．組織文化と太郎氏のパーソナリティ

1）太郎氏の経営方針

2020 年はグローバル規模でコロナウィルスの感染が拡大し、ヒト・モノ・カネの動きが制限された。太郎氏が社長に就任したのはコロナ禍の真っただ中の 2020 年の 6 月 19 日である。

就任にあたり、太郎氏が掲げたのは「コーヒーを通し、高い価値を提供する」である。その具体的な取り組みとして、1）しあわせは香りから、2）しあわせの共有、3）コーヒーの香りに永遠の命を吹き込む、の 3 点を掲げている。 サザコーヒーが 2009 年以来、Best of Panama で最高位を獲得したゲイシャを毎年落札しているのは、自社による独占を目的としたものではない。むしろ、おいしいものを「共有」するためだと考えている。太郎氏がここまで落札にこだわるのは、過去に一瞬の迷いで落札できず、さらに豆を譲ってくれるという口約束が反故にされ、豆が一粒も入手できなかったという過去の経験である。おいしさを世界中で共有したい、そのためには共有しない事業者や、管理がずさんな事業者が落札すると、このおいしさが世界で共有されなくなってしまう。これが太郎氏の落札への思いである。

2）太郎氏のパーソナリティ

（1）サザコーヒーの組織文化

　サザコーヒーの企業文化として特徴づけられるのは「ハレ」の日にへのこだわりである。つまり日常を忘れてどうぞゆっくりコーヒーを楽しんでくださいという思いである。店作りや従業員の教育も、「ハレ」を意識して行ってきた。サザコーヒーが広告宣伝と位置づけ、積極的に開催するイベントは、「まつり」であり、まさに「ハレ」である。その中には社員総出で行う集大成のような「三大ゲイシャまつり」のようなものもある。お客様と一緒に大いに楽しみたいというサザコーヒーの企業文化を特色づける一大イベントとなっている。

　従業員エンゲージメントとは、企業が目指す姿や方向性を、従業員が理解・共感し、その達成に向けて自発的に貢献しようという意識を持っていることを指す言葉である。従業員意識調査の分野では、世界的には1990年頃から、日本ではここ10年で、従業員満足度から従業員エンゲージメントに舵が切られ、世界中の企業で重視されるようになっている。　というのも、従業員エンゲージメントは会社の成長や成功に関連しており、これを高めることはとても重要であると同時に、その状態を「持続」することが企業にとって大切であるとされているからである。ウイリス・タワーズワトソンのグローバルリサーチ部門による調査研究によると、従業員エンゲージメントの進化系である「持続可能なエンゲージメント（Sustainable Engagement）」が、将来的な業績成長と最も強い関係性を持つことが明らかになっている。

　では、従業員エンゲージメントを高めるにはどうすればよいかというと、3つの要素が必要だとされている。①理解度（Rational）：会社の進む方向性を具体的に理解、腹落ちし、それを支持できる、②共感度（Emotional）：組織（同時に仲間にも）対して、帰属意識や誇り、愛着の気持ちを持っている、③行動意欲（Motivational）：組織の成功のために、求められる以上のことをすすんでやろうとする意欲がある、というものである。

　この概念に基づき、サザコーヒーの経営成功要因を考察してみると3つのことが言えるだろう。1）理解度（Rational）：太郎氏の姿・行動（楽しむこと、おいしいコーヒーの追求と提供、それに伴う行動力）が会社の方向性を明確に表しており、それを従業員が体感できる環境がある。会社の方向性を理解しやすい環境がある。2）共感度（Emotional）：太郎氏が行なっている、従業員の居場所をつくることや下の人が働きやすい環境づくり、どこに行っても働けるような人材育成によって、従業員の共感度が高まっていると考えられる。3）行動意欲（Motivational）：太郎氏の行動力と人柄（チャレンジ精神旺盛、助けたくなる、従業員への思いやり）が、従業員の行動意欲を高めている。

　お客様に金額以上の満足を与えることができるのか、常に意識している。店舗形態、サービスは常にお客様に合わせて変化させていく勇気を持つこと、危険な環境でも果敢に成功を模索すること、厳しいハードルが経営者を努力させることが必要である。

（2）太郎氏のチャレンジ精神と人脈づくり、そしてお師匠さん探し

太郎氏は、旺盛なチャレンジ精神によって、様々な新しい世界に飛び込んできた。太郎氏いわく、「成功はすべて出会う人に支えられてきた『わらしべ長者』的なラッキーと地道なチャンスを形にしてここまで来た。自分が思っていることの解像度を上げて、周囲の人に話続け、動き回り、周囲を動かしてきた」と自負している。

太郎氏はコーヒー品評会の国際審査員でもあり、世界中の最新コーヒー事情に明るい。品評会入賞者の生産情報を持っていることは大きな強みである。また、コーヒー品評会の開催者のほとんどが、取引関係者である。こうした世界の品評会に参加を続けること、買付人ネットワークを構築し、よりよい焙煎加工の情報が集まるようになり、自社農園での品質の向上に寄与していった。一方で、太郎氏もこうしたネットワークにより、2022年に太郎氏は、8年連続13回にわたりパナマ・ゲイシャのコーヒー品評会にて最高位で最高額のゲイシャコーヒーを落札し続けたことで、パナマ・ゲイシャの発展に寄与したとしてパナマコーヒー協会より表彰を受けた。近江商人の「三方良し」の例えのとおり、かつての日本企業らしい側面を持ち、事業を伸ばしてきたともいえるだろう。

太郎氏は29歳でサザコーヒーに入社後、父の誉志男氏が開設されたサザコーヒー農園があるコロンビアに渡り、コロンビアコーヒー生産者連合（FNC）の品質管理のインターンに従事していた。この研修の品質管理部長だった方と、農園の共同経営者として現在まで縁が続いている。この研修を経て、日本に帰国後、2003年に徳川慶喜家4代目当主であった慶朝氏と知り合うこととなり、その後意気投合し石炭焙煎の「徳川将軍珈琲」を販売するに至り、それが百貨店日本橋三越や東急百貨店との取引につながり、東京に進出するきっかけへとつながった。

太郎氏は現在、大学院に在籍しているが、これも筑波大学でのコーヒーのイベントを開催したことを契機としている。ここで得た人脈により、新たな新技術開発につながっただけではなく、同じ研究室に所属していた留学生2名もサザコーヒーの社員となった。コーヒー研究のみならず、海外の新市場に向けた人材の確保に貢献し、また人材の多様性を高め、また、従業員の資質に応じた適材適所の配置を心がえることでサザコーヒーの発展に寄与している。

太郎氏の朗らかな人柄は社風にもあらわれ、YouTube で対談したコーヒーの専門家からも「太郎氏のわくわくした感じが社風にでている」と評されている。前述の徳川氏に加え、講演でも述べている様々な人との出会いを呼び込む太郎氏の人柄と、それを生かして形にしていく太郎氏のチャレンジ精神は間違いなく成功要因の一つである。

6．おわりに〜これからのサザコーヒーの展開

これまで見てきたコーヒーの市場は、特にアメリカを例に三つの波に例えられている。それまで貴重な飲み物であったコーヒーの大量生産・大量消費が可能となり、多国籍企業

が支えた1960年代頃までをファーストウエーブと呼んでいる。コーヒーが大衆化した時代と言える。次の1990年代頃まではセカンドウエーブとよばれ、品質や美味しさへのこだわりがみられた時代であり、スターバックスに代表される深煎りコーヒーやミルクなどでフレーバーを求めた質の差別化が生まれた。そして、さらに原産地や風味などにより差別化がすすみ、生産地や農園を限定した高品質のシングルオリジンコーヒー本来の味わいを際立たせる浅煎り、丁寧なハンドドリップ、仲介者の手を通さず生産者を守るダイレクトトレードなどに特徴がみられるサードウエーブの時代が来ている。コーヒーはワインやチョコレートのように1点ずつ異なる風味を醸すものと認識されるようになってきた。

　前述のとおり、わが国においてもスターバックス等の上陸はそれまでの喫茶店文化を激変させ、また、サザコーヒーの例にみられるようにサードウエーブも広く浸透してきている。この次の時代、フォースウエーブではどのようなコーヒーを楽しむことができるのであろうか。自然環境や社会経済環境が激変するなかで、コーヒー豆は一層貴重な資源となり、フェアトレードなど生産地や生産者を守る取引が一層拡大するとみられる。また、コーヒーはそれぞれに好みに応じて増々細分化していくとみられ、太郎氏は「目の前のこの人が私のために淹れてくれたこのコーヒー」という「この1杯」に特化してくのではないかと考えている。サザコーヒーはフォースウエーブをリードし、どのようなコーヒー文化を私たちに見せてくれるのであろうか。その時を心待ちにしたい。

＜課題1：鈴木太郎氏によるコーヒーの価値についてまとめなさい＞

＜課題2：株式会社サザコーヒーの多様な工夫（イノベーション）を整理しまとめなさい＞

＜課題3：「パナマ・ゲイシャ」に関する鈴木太郎氏の思い、ビジネスチャンスについてまとめなさい＞

【参考情報】東京農大経営者大賞受賞記念講演要旨　鈴木太郎氏

　この度は東京農大経営者大賞に選んで頂きありがとうございます。

　私は、1997年に東京農大短期大学部の環境緑地学科を卒業後、農学部農学科に編入し、1999年に卒業しました。今は株式会社サザコーヒーという会社の代表取締役をやっており、大学時代の仲間に大変助けてもらっています。私のスタートは大学時代でしたのでそれを今回お話しさせていただきます。

　私は1969年生まれで、大学入学は25歳、卒業は30歳でした。茨城に生まれ、高校卒業後、農大を何度も受験し、学内編入試験で農学部農学科に編入できました。3年生の時、グアテマラ共和国でスペイン語を学び、卒業後株式会社サザコーヒーに入社し、コロンビ

アでコーヒー研修を受け、2002 年に農学部編入で出会った後輩と結婚しました。2008 年には父がコロンビアに買った農園の農園主になりました。2009 年にはパナマ・ゲイシャを買い付け始め、2020 年に社長になりました。今は筑波大学大学院の生物資源学科学位プログラムにも在籍しています。

　夢と現実をつなげるため「バックキャスト」という言葉を紹介したいと思います。未来にこうなりたいというイメージを現実にするための方法です。ゴールを設定してそこに向かってどういうことをしたらいいのかを考えることで、例えば、私は高卒で浪人をしていたので、30 歳迄に大学を卒業するための計画を立てていました。また、夢を現実に近づけるために必要なのは人の力で、お師匠さん探しが私のテーマになっています。大学に入学した時から、「これいいな」とか「人生うまくいっているな」という人とは必ず会ったほうがいいと思ってきました。自分が持っていないスケールや感覚を手に入れることができます。学生の皆さんには、自分の好きな事を絶対取り逃さないよう、素敵なお師匠さんを見つけてください。

　私は英語が苦手で生物と化学は大好きでした。農大では授業が楽しくて、植物や昆虫、果樹等本当に好きな事だけやっていました。自分の好きな事にはどんどんエネルギーをかけられますし、情報を整理して教える能力も養う事ができます。サザコーヒーでは、おいしい木を見つけたら接ぎ木で増殖させていました。最初はコーヒー屋になるつもりはあまりなく、ブルーベリー農家になりたかったのですが、次第にコーヒーに憧れていくようになりました。私はコーヒーの価値には三つあると考えており、それは美味しさの源の「しあわせは香りから」、美味しさを家でも再現できる「しあわせの共有」、コーヒーの香りをワイン並みに長く伸ばす「コーヒーの香りに永遠の命」を大切にしています。

　原料の確保はこれまで産地にどんどん行って直接買い付けして色々な商品を開発してきましたが、移動が難しくなり資源の保全や SDGs 対応等という面からも作る責任について色々と見直さなければなりません。また販売環境の確保についても、労働生産性を上げて楽してお金を稼げるように、しかもお客様の満足度は高く保てるということを考えています。

　サザコーヒーは、1942 年に茨城県で「勝田宝塚劇場」という映画館として始まった会社です。東京宝塚劇場は東宝ですが、日立製作所の工場の福利厚生として劇場が建設されました。その後、テレビの時代になり映画が全然ダメになり、「生き残るのは、強い者でも賢い者でもなく、変化に適応できる者」という言葉にあるように、何かに捉われずに商売を替えてでも生き残ろうとコーヒー店を始めました。

　私の父が 1969 年にコーヒー部門を始め、1 号店は常磐線の勝田駅で、サイフォンでコーヒーを提供していました。1989 年には新社屋ができ、その後は比較的順調でお店は 15 店舗を茨城県の水戸や勝田エリアと、埼玉県の大宮市、またその中間のつくば市の 3 拠点に展開しています。東京駅の丸の内南口徒歩 2 分の KITTE の 1 階にもお店があります。

　また、バリスタの育成に力を入れており、人・物・金を投資しています。ものすごく美

味しいコーヒーを出すバリスタに憧れて、「私もバリスタになりたい」と言って入社してくる人も結構います。日本バリスタチャンピオンシップではまだ残念ながら優勝していませんが、ファイナリストに多くの社員が選出されており、日本最強のバリスタチームです。

　美味しいコーヒー屋さんはたくさんありますが、人が集まるかどうかは別の話しです。KITTE のお店は日本一アクセスがいい場所で、色々なイベントを実施して集客しています。ここでゲイシャというコーヒーの試飲会を実施しており、テレビで「このコーヒーに恋をしてしまった」と話した後には多くのお客様にご来店頂きました。

　1975 年にはコーヒー焙煎加工業を始めました。コーヒー屋さんというのは面白い商売で、コーヒー豆を買ってきて、コーヒーを淹れる道具さえあればその日のうちから商売を始められます。しかし、焙煎の機器にはお金がかかり、また熟練の技術も必要で、参入障壁は高い分野なので、ものすごく高品質なものを作っていくために、農園も経営しています。

　農園は 1997 年に開設し、コロンビアに 25ha、8 万本のコーヒーの木があります。品種の研究もしており、香りが強くて風味がいいゲイシャの隣に粒が大きなマラゴジッペという品種を育成し、マラゴジッペの花にゲイシャ花粉を付けるとマラゲイシャというコーヒーができ、これが今の私の一推しです。農園の共同経営者のドクター・モレノは元コロンビアコーヒー生産者連合の品質最高責任者を 30 年務めていて、私がコロンビアにコーヒー研修に行った時の先生でした。コーヒー農園の経営に参加して頂き、私は大変恵まれています。

　コロナ禍のためコロンビアには 2 年行く事ができていませんが、ZOOM 会議等で農園の様子を把握しています。2008 年から高単価コーヒーの栽培に切り替え、それがパナマ・ゲイシャという品種で、日本の芸者とは関係ありません。サザコーヒーのゲイシャは栽培期間が長いので粒も大きくなります。収穫したコーヒー豆は、ウォッシュドといって、果肉を取り外して中の種だけを取り出します。エチオピアにゲイシャ村という村があり、いつか行ってみようと思っておりますが、コロナ禍によりまだ行けていません。パナマのゲイシャは 2004 年にエスメラルダ農園で発見されました。ゲイシャは、マグロの初競りの様に初競り時に高値がついて、年 1 回のコーヒーのお祭りの様な感じです。私達は、2009 年から初競りで一番いいものを買い続けています。

　父が最初に買った焙煎機はプロバット社の 50 ポンドという機械で、1 ポンドは 460 グラムなので大体 22 キロぐらいの焙煎機です。これを朝から晩までずっと焼き続けていましたが、次に 100 ポンドの焙煎機を導入し、生産効率が良くなりました。プロバット社はドイツ製ですが、コーヒー屋さんにとっては憧れの焙煎機になります。生産効率を更に上げるため、最近私が買ったコーヒーマシーンはプロバット社の最新鋭の 60 キロ 2 台です。これは仕上げを細かく設定できます。例えば、減圧しながらコーヒー豆を焼くこともできます。つまり、ガッと膨らんだところをカチッと焼き止めをすると中のコーヒーの香りが保たれるすごい焙煎機です。

　また、コーヒーの品評会の審査員もしており、色々な品種を見ていると絶対このコーヒーが欲しいと思う品種が見つかります。その様なコーヒーをいつか自分の農園で生産できる様になりたいと思っています。ゲイシャという品種は、ジャスミンの香りで味はピーチの様で、甘酸っぱさの後にチョコレートのような香りがします。

　私の接ぎ木の先生は大坪先生で、コーヒーの接ぎ木を習得するために一緒にコロンビアへ行こうと無理やり農園に連れていって教えてもらいました。活着したかどうかを確認したく、2回コロンビアに連れて行きました。接ぎ木の評価は、その枝の豆をひたすら焼いて飲んでいく作業で、美味しい豆を見つけた時にオレンジ色のリボンを付けていきます。今、サザコーヒーのコーヒーカップにはオレンジ色のリボンが付いているんですが、おいしい豆だけを集めていますという意味でつけています。

　それと、賞味期限を3年延ばす事を2021年10月27日から宣言し、筑波大学との共同研究でこれを実現することもできました。

　最後に皆さんに伝えたいことは、改めて「生き残るのは強い者でも賢い者でもない。変化に適応し対応できる者だ。」と思います。サザコーヒーとしては、コーヒーの香り、味を追求しており、香りを自宅でも再現できる事が、コーヒーを楽しむしあわせにつながると考えています。また、いいコーヒーが長持ちするよう、企業努力しています。いつでも、どこでも、誰とでも、コーヒーを通じてしあわせになれるような事をお客様に提供していきたいと思っています。

　また、私が農大で学んだことは、困った事がある時に相談できる友達や突破力、到達力は、その後の人生にもつながります。ですから、何か困っている同級生に声をかけられること、大人になってから知識のある人やお師匠さんに出会った時に、ちゃんと声をかけて助けてもらえる様な人格形成を在学中にするべきだと思います。そして、何事も願えば叶います。自分に都合のいい夢を描いて下さい。夢はできるだけ解像度を高く、どういうふうになったらできるのか、具体的に想いをイメージして下さい。そして、いつまでに何をするのかを決め、絶え間ない努力をそこに捧げて下さい。自分の夢ですから。

　サザコーヒーは1969年に設立し、人材の育成としてバリスタや専門性を強化して来ましたが、これから若くて元気な日本人社員を集めるのは難しくなってきます。農大生の皆さんもサザコーヒーに興味を持ってくれたら、是非わが社に来てください。

　本日は、東京農大経営者大賞2021の記念講演をさせて頂き、どうもありがとうございました。

【注】

注 1 ： 先物取引とは、価格変動がある商品を将来の決められた日に一定の価格で売買することを約束する取引のことで、対象となる商品の価格変動を少なくしようとする手段の一つ。アラビカコーヒーはニューヨーク取引所、ロブスタコーヒーはロンドン取引所で取引されている。

注 2 ： ICO の資料では、現物の成約価格として、米国、ドイツ、フランスでの市場価格をもとにした「コロンビア・マイルド」「アザー・マイルド」「ブラジルナチュラル」「ロブスタ」の 4 種類と ICO の定める方法で 4 品種ごとの加重平均を算出した ICO 複合価格を示している。これらに加え、ニューヨーク先物のアラビカ、ロンドン先物のロブスタの計 7 種の価格が示されている。

注 3 ： コーヒーの価格は伝統的に、1 ポンド当たり US セントで示される。1 ポンドは約 453 グラム、1US セントは約 1.3 円（2023 年 1 月 25 日現在）。

注 4 ： 鄭永慶が 1888 年に東京上野に開業した喫茶店。日本の喫茶店の原型となったといわれる。書籍や娯楽もととのえられ、コーヒーを飲むだけではなく文化交流する場として側面もあったとされる。

注 5 ： 1910 年頃から、文化人が集い飲食をする場所が「カフェー」と呼ばれるようになり、次第に女性による接待が問題化した。これに対し、純粋に飲食を楽しむ場所を純喫茶として区別するようになった。

注 6 ： 第二次世界大戦後、コーヒー豆の輸入が再開されたのは 1950 年、コーヒー豆の輸入が完全に自由化されたのは 1960 年で、この間は輸入割当が行われていた。

注 7 ： スペシャルティコーヒーはスペシャリティコーヒーと表現されることもあり、ハッシュタグを利用した情報共有ではスペシャリティコーヒーの方が件数が多い。

注 8 ： コーヒーの焙煎は、深煎り、中煎り、浅煎りに大別され、深煎りコーヒーは長時間かけて焙煎した豆を用いた苦みが強くしっかりとした味わいのあるコーヒーとなる。

注 9 ： 1978 年のコーヒー国際会議の講演ではじめてスペシャリティコーヒーという用語を使ったとされる。彼女の定義ではスペシャリティコーヒーは「地理的条件から生まれる、特別な風味のコーヒー」であり、そこから豆の個性の評価という考え方が広まった。

【参考文献・ウエッブページ】

［1］ 大阪スペシャルティコーヒー倶楽部ホームページ
http://specialtycoffee.co.jp/（2022 年 12 月 7 日確認）

［2］ 岡田恵子・吉田由起子「日本企業がエンゲージメント経営を実践する 5 つの要諦」『Harvard Business Review』2019 年 11 月号、pp.78-90

［ 3 ］ キーコーヒーホームページ

https://www.keycoffee.co.jp/（2022 年 12 月 7 日確認）

［ 4 ］ COFFEE STATION ホームページ

https://coffee-station.hariocorp.co.jp（2023 年 1 月 20 日確認）

［ 5 ］ コーヒータウンホームページ（東日本コーヒー商工組合運営）

https://www.ejcra.org/（2023 年 1 月 20 日確認）

［ 6 ］ サザコーヒーホームページ

https://www.saza.co.jp/（2023 年 1 月 20 日確認）

［ 7 ］ SPECIALTY COFFEE WATARU ホームページ

https://www.specialty-coffee.jp/（2023 年 1 月 20 日確認）

［ 8 ］ スターバックスホームページ

https://www.starbucks.co.jp/

［ 9 ］ 全日本コーヒー協会ホームページ

https://coffee.ajca.or.jp/（2023 年 1 月 20 日確認）

［10］ 全日本コーヒー商工組合連合会ホームページ

https://ajcra.org/（2023 年 1 月 20 日確認）

［11］ 高井尚之（2017）：「20 年続く人気カフェづくりの本」株式会社プレジデント社、127p.

［12］ 高井尚之（2017）：“ しゃべり場の象徴 ” に進化した「カフェ」、一般社団法人建設コンサルタント協会会誌 287 号 web 版

https://www.jcca.or.jp/kaishi/287/287_toku4.pdf（2023 年 1 月 20 日確認）

［13］ 高井尚之（2017）：「茨城でスタバとコメダを圧倒する名店の正体 サザコーヒーの企業経営はここまで徹底する」東洋経済 ONLINE

https://toyokeizai.net/articles/-/197771?page=2（2023 年 1 月 20 日確認）

［14］ ドトールコーヒーホームページ

https://www.doutor.co.jp/

［15］ 旦部幸博（2017）：『珈琲の世界史』、講談社現代新書、pp.212-225

［16］ 日本スペシャルティコーヒー協会ホームページ

https://scaj.org/（2023 年 1 月 20 日確認）

［17］ PR TIMES（2022）：「『パナマ・ゲイシャまつり 2022』開催〜今年も過去最高額を更新「2,980 万円」で落札！世界一高価なコーヒーが 500 円から飲めるスペシャル 4 DAYS 〜」

https://prtimes.jp/main/html/rd/p/000000083.000042534.html（2023 年 1 月 22 日確認）

［18］ PR TIMES（2022）：「パナマコーヒー業界の発展に寄与したとして表彰を受ける」

https://prtimes.jp/main/html/rd/p/000000083.000042534.html（2023 年 1 月 22 日確認）

［19］ フェアトレージャパンホームページ

https://www.fairtrade-jp.org/（2023 年 1 月 22 日確認）

［20］ 堀口珈琲ホームページ

https://www.kohikobo.co.jp/（2023 年 1 月 22 日確認）

［21］ UCC ホームページ

https://www.ucc.co.jp/（2022 年 12 月 1 日確認）

［22］ International Coffee Organization (2021), The Value of Coffee-Sustainability, Inclusiveness, and Resilience of the Coffee Global Value Chain, *Coffee Development Report*.

Available online: https://www.internationalcoffeecouncil.com/cdr2020?lang=es (accessed on 24 November 2022).

［23］ International Coffee Organization (2022), World Coffee Consumption https://www.ico.org/prices/new-consumption-table.pdf (accessed on 10 November 2022).

［24］ United States Department of Agriculture Foreign Agricultural Service (2022) Coffee, World Markets and Trade.

https://downloads.usda.library.cornell.edu/usda-esmis/files/m900nt40f/db78vk364/4t64hv08x/coffee.pdf (accessed 22 November 2022)

［25］ Utrilla-Catalan, R., Rodríguez-Rivero, R., Narvaez, V., Díaz-Barcos, V., Blanco, M., Galeano, J. Growing (2022), Inequality in the Coffee Global Value Chain: A Complex Network Assessment, *Sustainability*, 14(672).

https://doi.org/10.3390/su14020672 (accessed on 10 November 2022).

索　引［専門用語・キーワード解説］

執筆者紹介 [五十音順、＊印は編者]

井形雅代 （いがた・まさよ）
東京農業大学国際食料情報学部国際バイオビジネス学科 准教授
専門領域：農業経営学、農業会計学
［主要著書．論文等］
　バイオビジネス・8（2010）、バイオビジネス・9（2011）、バイオビジネス・11（2013）、
　バイオビジネス・12（2014）、バイオビジネス・13（2015）、バイオビジネス・14（2016）、
　家の光協会、共書
　バイオビジネス・16（2018）、バイオビジネス・17（2019）、バイオビジネス・18（2020）、
　世音社、共著
　バイオビジネス・19（2022）、清水書院、共著
　我が国における食料自給率向上への提言［PART-3］（2013）、筑波書房、共著
　我が国における食料自給率向上への提言［PART-2］（2012）、筑波書房、共著　ほか

＊今井麻子 （いまい・あさこ）
東京農業大学国際食料情報学部国際バイオビジネス学科 助教
専門領域：ミクロデータ分析、マーケティング・リサーチ
［主要著書．論文等］
　バイオビジネス・17（2019）、バイオビジネス・18（2020）、世音社、共著
　バイオビジネス・19（2022）、清水書院、共著
　圃場データに基づくサトウキビ生産のパネルデータ分析−南大東島における潜在的土地生産性
　からみた規模間格差の−考祭−、フードシステム研究第18巻3号（2011）、共著
　さとうきび農家の作型・品種選択要因：南大東島を対象に、2014年度日本農業経済学会論文集
　（2014）共著　ほか

今村祥己 （いまむら・しょうき）
東京農業大学国際食料情報学部国際バイオビジネス学科 在学中

熊谷　達哉 （くまがや・たつや）
東京農業大学国際食料情報学部国際バイオビジネス学科 在学中

佐藤和憲 （さとう・かずのり）
東京農業大学国際食料情報学部国際バイオビジネス学科 教授
専門領域：農産物マーケティング

［主要著書．論文等］

フードビジネス論（2021）ミネルバ書房

フードバリューチェーンの国際的展開（2020）、農林統計出版　ほか

渋谷往男（しぶや・ゆきお）

東京農業大学国際食料情報学部国際バイオビジネス学科 教授

専門領域：農業経営学、マーケティング戦略、農業経営戦略論

［主要著書．論文等］

バイオビジネス・10（2012）、バイオビジネス・11（2013）、バイオビジネス・13（2015）、家の光協会、共著

バイオビジネス・16（2018）、バイオビジネス・17（2019）、世音社、共著

なぜ企業は農業に参入するのか－農業参入の戦略と理論（2020）、農林統計出版、編著

東日本からの真の農業復興への挑戦－東京農業大学と相馬市の連携－（2014）、ぎょうせい、共著

次世代土地利用型農業と企業経営－家族経営の発展と農業参入（2011）、養賢堂、共著

戦略的農業経営（2009）、日本経済新聞出版社、単著　ほか

下口ニナ（しもぐち・にな）

東京農業大学国際食料情報学部国際バイオビジネス学科 准教授

専門領域：農業経営学、アジア農業論

［主要著書．論文等］

バイオビジネス・14（2016）、家の光協会、共書

バイオビジネス・16（2018）、世音社、共著

バイオビジネス・19（2022）、清水書院、共著

Impact of organic agriculture information sharing on main actors on main actors in Laguna, Philippines.（2021）、J. ISSAAS 27（2）、共著

Adaptation strategies to changing environment by an organic farm in Laguna, Philippines.（2016）、IJERD7（2）、単著

Impact of farm-based learning practices on young farmers: Case from an organic farm in Ogawa Town, Saitama Prefecture, Japan.（2015）、J. ISSAAS 21（2）、共著　ほか

田中雅弘（たなか・まさひろ）

東京農業大学国際食料情報学部国際バイオビジネス学科 在学中

＊土田志郎（つちだ・しろう）
東京農業大学国際食料情報学部国際バイオビジネス学科 教授
専門領域：農業経営学
　［主要著書．論文等］
　バイオビジネス・8（2010）、バイオビジネス・12（2014）、バイオビジネス・14（2016）家
　の光協会、共著
　バイオビジネス・16（2018）世音社、共著
　農業改革と人材育成システム（2014）、農林統計出版、共編著
　次世代土地利用型農業と企業経営（2011）、養賢堂、共著
　山村の資源・経済・文化システムとその再生の担い手（2011）、農林統計出版、共著
　農業におけるコミュニケーション・マーケティング（2007）、農林統計協会、共編著　ほか

Dia Noelle Fernandez Velasco（ディア　ノエル　フェルナンデズ　ヴェラスコ）
フィリピン・フィリピン大学ロスバニョス校経済経営学部
アグリビジネス経営起業学科 助教授（UPLB-DAME Assistant Professor 7）
東京農業大学大学院国際食料農業科学研究科国際アグリビジネス学専攻博士後期課程 在学中

半杭真一（はんぐい・しんいち）
東京農業大学国際食料情報学部国際バイオビジネス学科 准教授
専門領域：農産物マーケティング、消費者行動研究
　［主要著書．論文等］
　バイオビジネス・15（2017）、バイオビジネス・17（2019）、バイオビジネス・18（2020）、世音社、
　共編著
　バイオビジネス・19（2022）、清水書院、共著
　イチゴ新品種のブランド化とマーケティング・リサーチ（2018）、青山社、単著　ほか

松本芽依（まつもと・めい）
東京農業大学大学院国際食料農業科学研究科国際アグリビジネス学専攻博士前期課程　在学中

横田誠波（よこた・せいな）
東京農業大学国際食料情報学部国際バイオビジネス学科 在学中

東京農業大学 国際食料情報学部 国際バイオビジネス学科

1998 年に設置された生物企業情報学科が母体。2002 年の大学院国際バイオビジネス学専攻の設置にともない、2005 年 4 月から国際バイオビジネス学科と名称変更する。その教育目的は、農業生産、食品の加工・流通、販売の専門家を育成することにある。そのため、「経営組織」「経営管理」「経営情報」「マーケティング」「経営戦略」の 5 研究室を設置し、学生の将来目標にあわせた教育カリキュラムを用意している。また、毎年留学生を受け入れるとともに、英語教育の強化、海外でのバイオビジネス実地研修など、バイオビジネスの国際化に対応できる人材の育成を目指している。さらに、1 年次から少人数によるゼミナール教育を実施したり、3 年次、4 年次にはゼミナール単位で視察研修を行ったりするなど、新時代に対応できる特色ある教育システムを採用している。

連絡先：〒 156 - 8502　東京都世田谷区桜丘 1-1-1
TEL：03-5477-2918（国際食料情報学部事務室）　FAX：03-5477-2947

バイオビジネス・20　環境激変下を創意工夫で生き抜く経営者

2023 年 3 月 10 日　第 1 版発行
　　　　　　　　　編著者——東京農業大学国際食料情報学部国際バイオビジネス学科
　　　　　　　　　　　　　　土田志郎・今井麻子

　　　　　　　　　発行所——学校法人東京農業大学　出版会
　　　　　　　　　　　　　　〒 156-8502
　　　　　　　　　　　　　　東京都世田谷区桜丘 1−1−1
　　　　　　　　　　　　　　TEL：03-5477-2666　FAX：03-5477-2747

　　　　　　　　　印刷・製本——株式会社ピー・アンド・アイ

@Department of International Bio-Business Studies
Tokyo University of Agriculture 2023 Printed in Japan
ISBN978-4-88694-532-7 C3061